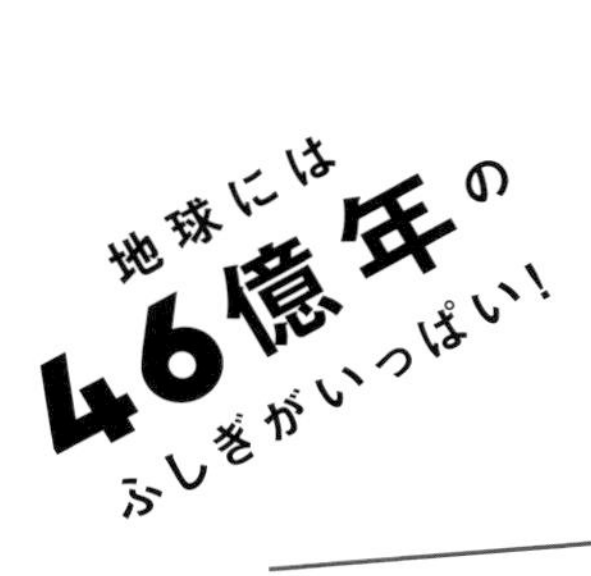

空と大地と海のミステリー

高橋典嗣
監修

ナツメ社

はじめに

「地球」は、太陽系の第3惑星です。この地球には、豊富な水が安定して存在していて、たくさんの生命が生きています。これは奇跡といっていいのかもしれません。

地球と太陽の距離は約1億5千万㎞。とても遠い数字に感じるかもしれませんが、これは生命が存在できる領域（ハビタブルゾーンといいます）内にあります。また、地球の大きさは赤道半径が6378㎞、質量（重さ）は5・978×10^{27}kgです。この地球と太陽の距離、地球そのものの大きさがからみ合って、窒素と酸素を主成分とする現在の大気、地表、海にたくさんある液体の水を保つことができたのです。このことにより、約46億年という長い時間をかけて、生命が生まれ、進化し、繁栄してきました。

この1冊の本を道しるべとして、太陽系で唯一、豊かな生命を育む現在の「地球」のことを知る旅にでかけましょう。そして、大地の変化のしくみ、古い生物の化石から探る生命進化の謎、地球自体の歴史、美しい地球の景観、そしてダイナミックな地球科学の魅力を味わってみてください。

高橋典嗣

クリノメーター
（地層の状態を調べる基本アイテム）

高橋先生▶

キャラクター紹介

本書にときどき登場する、「地球」に関係した、いくつかのかわいいキャラクターを紹介します！

地球 ちきゅう

水星、金星に次いで太陽に近い軌道を回っている太陽系第3惑星。岩石でできていて、太陽系はもちろん宇宙でも唯一、生きものが確認されています。直径は1万2742㎞、地球の周りを回る衛星は「月」ひとつだけです。

マグマオーシャン

生まれたばかりの地球です。マグマで覆われた表面の温度は、約2000℃ありました。

スノーボールアース

平均気温がマイナス40℃と凍りついた地球です。約22億年前、7億年前、6億年前の3度登場します。

太陽 たいよう

太陽系の中心にある恒星。大部分は水素でできていて、中心部で、ものすごいエネルギーが生まれています。観測するときには直接見ないようにしましょう。

火山 かざん

地下のマグマを噴き出して噴火します。火山にはいくつかの種類がありますが、これは富士山と同じ成層火山です。

マグマ

地下のマントルや地殻の岩石が、高温で溶けた状態になったものです。火山から噴き出ると溶岩になります。

ティラノサウルス

白亜紀末期の北半球に現れた、地球の歴史で最強といわれる肉食恐竜です。

アンモナイト

オウムガイが殻を巻いて進化した、イカやタコの親戚です。

もくじ

Part3 地球を知ること 調べること

Part5 日本列島の地質・地形探検

Part6 地球の空や海の不思議

Part 1

わたしたちの地球(ちきゅう)ができるまで

水(みず)と生命(せいめい)があふれる地球(ちきゅう)は、
どのようにして生(う)まれたのでしょう。
わたしたちには見(み)えない、地球(ちきゅう)の中身(なかみ)は
どうなっているのでしょう。
ドロドロで真(ま)っ赤(か)な時代(じだい)や
真(ま)っ白(しろ)に凍(こお)った時代(じだい)もある地球(ちきゅう)が、
今(いま)の姿(すがた)になるまでを追(お)っていきます。

01 地球のすべては太陽系誕生に始まった！

地球が生まれたのは、今からおよそ**46億年前**、太陽が誕生したときだったと考えられています。

宇宙を漂っていたガスやチリでできた雲がたくさんあるところに、さらにガスが集まりました。やがてガスは、回転を始めて**原始太陽系円盤**という円盤をつくります。ガスはどんどん円盤の中心に集まって、上下に**ジェット**と呼ばれるガスやチリの強い流れを噴き出します。こうして太陽（原始太陽）が生まれました。その後、円盤の中心は圧力や温度が高くなっていき、温度が約1000万℃を超えると輝き始めます。

原始太陽系円盤のなかでは、チリが合体して**微惑星**という小さな惑星になり、微惑星と微惑星がぶつかって、もっと大きな惑星（原始惑星）に成長していきます。

太陽から出る粒子の速い流れが原始太陽系円盤のガスを吹き飛ばして、太陽に近い水星、金星、地球、火星までの惑星は、**岩石と金属からできた惑星**になりました。このとき（原始）地球が誕生しました。太陽から遠い木星と土星は巨大なガスの惑星、天王星と海王星は**氷の惑星**になりました。

⬆できたばかりの太陽（原始太陽）とそれを囲んでいる回転円盤。円盤の中心では、回転しながらガスやチリを上下方向にジェットとして噴き出しています。

©NASA/JPL-Caltech

地球は46億年前にできたんだよ！

⬅できたばかりの太陽系では、円盤のなかにある、ごく小さな微惑星が帯のように多く分布する場所で、微惑星同士が衝突と合体することで地球のような惑星（原始惑星）が生まれていきます。

©NASA/SOFIA/Lynette Cook

太陽のように自分で光を出して輝く星を恒星といいます。恒星は重さによって寿命が決まっています。太陽のような恒星の寿命は約100億年です。太陽の年齢は46億歳なので、あと50億年以上輝き続けることになります。

02 できたばかりの地球は真っ赤でドロドロだった？

約46億年前、微惑星や原始惑星の衝突で、今と同じくらいの大きさに成長した当時の地球（原始地球）には、小さな微惑星や隕石がたくさん衝突していました。

微惑星が衝突したときのエネルギーで、地球表面の温度が高くなり、**岩石がドロドロに溶けてマグマ**になっていました。その頃の地球表面は、一面が**マグマオーシャン**と呼ばれるマグマの海に覆われていて、真っ赤な「火の玉地球」になっていたのです。地球にはまだ水も海もなく、もちろん生命は生まれていませんでした。

衝突した微惑星に含まれていた、水や二酸化炭素などの軽い物質は、マグマから蒸発して**原始地球の大気（原始大気）**になりました。原始地球の大気のおもな成分は、水蒸気や二酸化炭素などです。

微惑星の衝突によって、地球はどんどん熱くなり、地球表面は約2000℃ととても高温で、原始大気に厚く覆われ、気圧も数100気圧という非常に厳しい環境でした。

また、岩石に含まれていた鉄やニッケルなどの重い金属は、地球の中心に沈んでいき、核（コア）ができていきました。

⬆できたばかりの地球には、たくさんの微惑星や隕石が落ちてきて、地面（地表）は溶けたマグマの海（マグマオーシャン）が広がっていました。また、マグマから出たガスで地球最初の大気（空気）がつくられました。

©Science Photo Library/ アフロ

⬅全体がマグマオーシャンに覆われた時代の地球。真っ赤に燃えているようで今の「青い地球」の姿は想像できません。

©ESA/Hubble,M.Kornmesser

表面温度は2000℃もあったんだ！

地球の豆知識

約45億年前、できあがりつつあった原始地球に火星くらいの大きさの原始惑星「テイア」が衝突し、飛び散った地球のマントルとテイアが合体して月になったと考えられています。これを「ジャイアント・インパクト説」といいます。

03 わたしたちの足元の深いところ地球の中身はどうなってるの？

⬆ハワイ火山国立公園にある火山では、高温のマグマが噴き出て溶岩流となって流れ出ています。溶岩流はやがて冷えて固まって玄武岩になります。
©NPS

生まれたばかりの地球は、どろどろのマグマに覆われていました。

約45億～38億年前、地球に衝突する微惑星や隕石の数が減って地球が冷えてくると、重たい鉄やニッケルなどの金属が、地球の中心部へ沈んでいきました。そして、密度の高くて重い**カンラン岩**という岩石は地球の中間部分に集まり、より軽い岩石は浮かび上がって地殻をつくり、地表はマグマが冷えて固まった**玄武岩**の層に覆われました。

現在、地球の中身をわたしたち自身の目で見ることはできませんが、地球内部は、構成

地球の内部構造

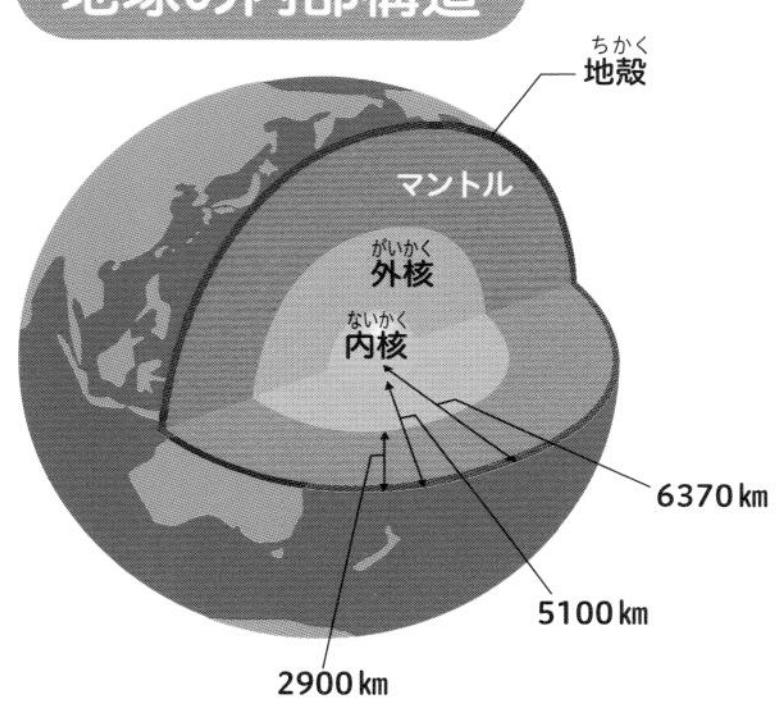

⬆地球は表面の地殻、マントル（上部マントル、下部マントル）、外核と内核とからなる核に分けられます。このうちマントルは、地球の体積のおよそ83％を占めています。

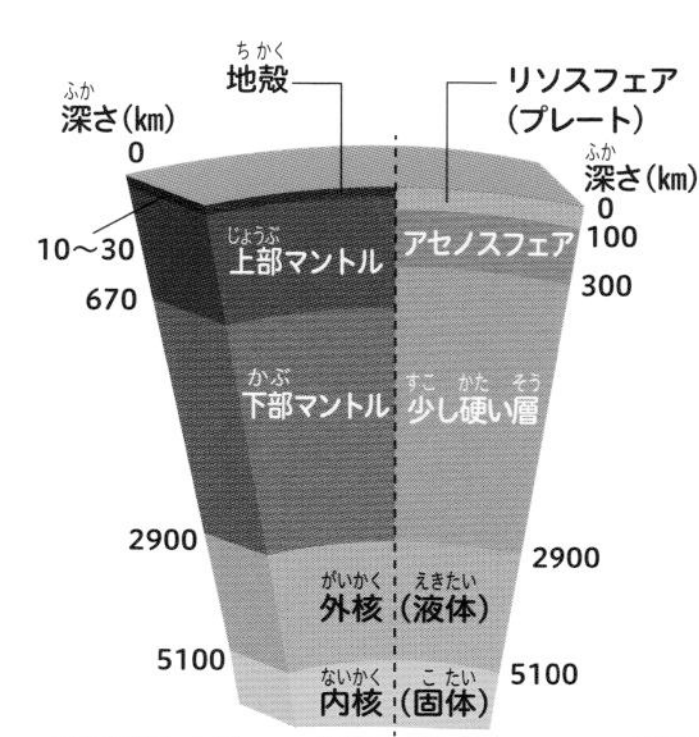

⬆地球表面付近は、岩石の硬さによっても分類されます。表面から深さ数十〜100㎞、地殻と上部マントルの一番上の硬い部分をリソスフェアといいます。その下の深さ300㎞くらいまでのやわらかい部分をアセノスフェアといいます。

している物質の違いによって**地殻、マントル、核（コア）**という3つの層に分けることができます。地殻は、地球表面の軽い岩石の層です。地殻には、大陸をつくる**花こう岩でできた大陸地殻**（厚さ30〜70㎞）と、海底をつくる**玄武岩でできた海洋地殻**（厚さ5〜10㎞）があります。

マントルは深さ2900㎞までの層で、おもにカンラン岩という重たい岩石でできています。非常に硬い層の深さ約660㎞までを**上部マントル**、高い温度と圧力でカンラン岩の性質が変化して固体のまま動いている660㎞よりも深い層を**下部マントル**として区別されます。

深さ2900〜6400㎞には、おもに鉄やニッケルといった**重たい金属でできた核**があります。核は、**液体の外核と高い圧力で固体になった内核**からできています。

地球の豆知識

人類が一番深く掘った穴は、じつはたったの12㎞です。場所はロシアの北西部、コラ半島で、穴は「コラ半島超深度掘削坑」といいます。石油技術協会によれば、旧ソビエト連邦が地殻の深部分を調査するために掘ったようです。

04

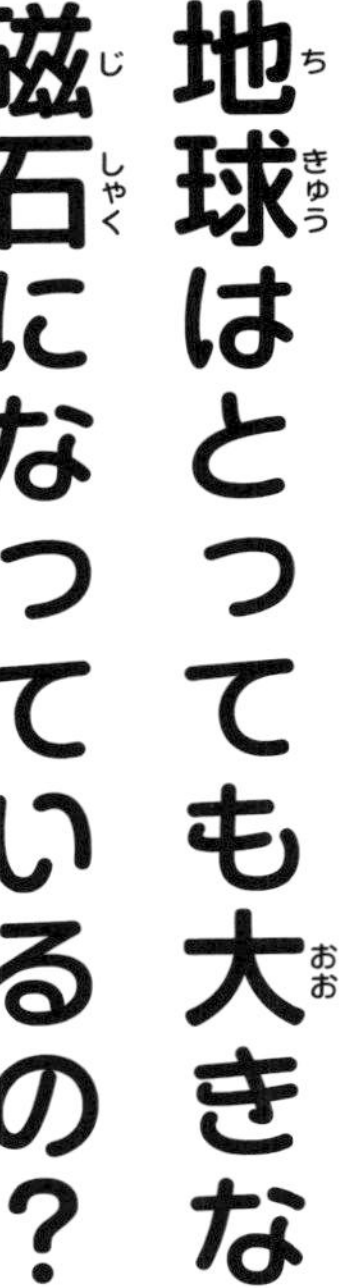

地球はとっても大きな磁石になっているの？

方位磁石（コンパス）がどこでも北を指すことから、**地球には北にS極、南にN極の大きな磁石**があるかのように、磁石の力（磁気）がはたらいていることがわかります。この磁気を**地磁気**と呼びます。

鉄の芯にコイルを巻いて電流を流すと、磁石になるのが電磁石です。地球の内部では、これと似たようなことが起きています。

おもに鉄でできた外核は、内側が約6000℃、外側が約4200℃になっています。この温度の差によって、液体になっている外核では**対流**という流れが生まれます。どろどろに**溶けた鉄でできた外核は渦を巻く**ように動いています。

鉄は電流を流しやすい金属なので、動くことで発電機のように電流が発生し、電磁石のように磁気を生み出していると考えられています。このように、天体内部の物質が動くことで磁場が生まれて、それが保たれるはたらきを**ダイナモ作用**といいます。

古くは約38億年前の海底火山の噴火でできた溶岩に、地磁気の跡が見つかっているので、地磁気ができたのは、地球が誕生して間もない頃だと考えられています。

地球の地磁気

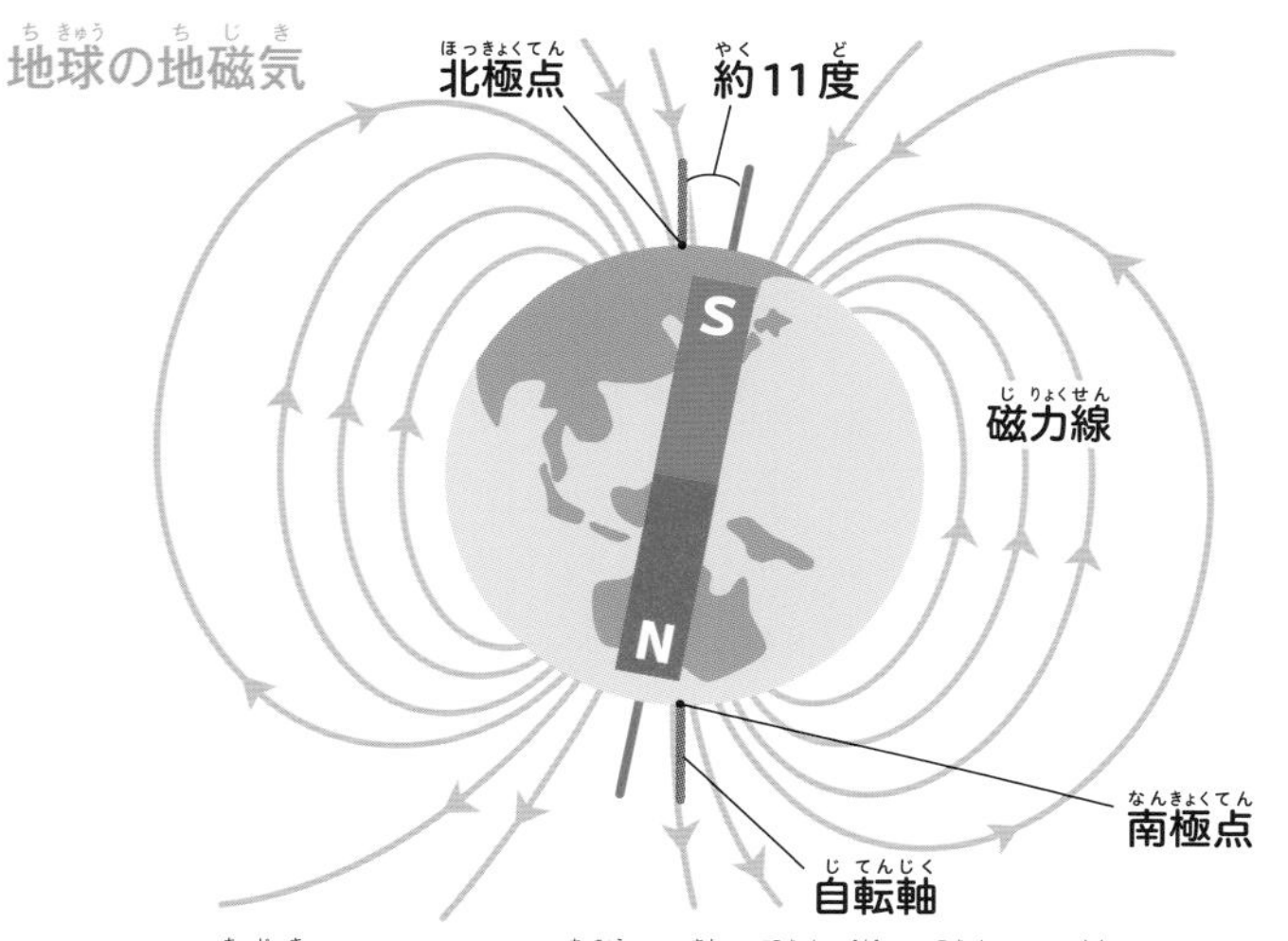

⬆地磁気がはたらいている地球は、北にS極、南にN極がある大きな磁石になっています。方位磁石は地球のどこでもN極は北、S極は南を向きます。ただし地図上の北極点とS極、南極点とN極の場所は少しずれています。現在は、地球の自転軸から約11度ずれた方向に地磁気の極があります。

対流するの外核のイメージ

地球には地磁気があるんだ！

⬅地球の外核では、どろどろに溶けた液体の金属が内核の周りを対流し、熱は外側へと伝わっていきます。そのとき、ぐるぐると渦を巻きながら電流が流れて磁気が発生します。このシステムが、地球の内部ではたらいているため地球は磁石になっていると考えられています。

地球の豆知識

地球が磁石のようになる前は、地球には宇宙からの放射線が降り注ぎ、生命は深い海でしか生きることができませんでした。地球磁場が放射線を防ぐようになると、生命は浅い海などさまざまな場所で生きていけるようになりました。

05 地球の大陸は大移動を繰り返してきた？

世界最古の岩石、アカスタ片麻岩に含まれる**ジルコン**という鉱物で年代を調べることで、**約40億年前**には地球に陸地ができていたことがわかっています。

地球表面では、地殻と上部マントルの硬い部分でできたプレートといわれる岩盤が移動しています。約40億年前にでき始めた陸地は、地殻が衝突・合体することで大きな陸地（大陸）をつくりました。

約30億年前、すべての大陸がひとつに集まった**超大陸（巨大な大陸）のバールバラ**ができたと考えられています。約20億年前からは、数億年ごとに超大陸ができては分裂し、また別の超大陸ができるということを繰り返しています。約19億年前には**ヌーナ**、約15億～10億年前には**パノティア**、約10億～7億年前には**ロディニア**、約2億5000万年前には**パンゲア**が誕生しました。

約1億8000万年前、超大陸パンゲアは、**北のローラシア大陸と南のゴンドワナ大陸に分裂**します。約1億2000万年前にはゴンドワナ大陸から南極大陸とオーストラリア大陸が分裂し、徐々に現在の地球にある大陸の形になっていきました。

大陸の移動と合体

約2億5000万年前

地球上の大陸が合体して、超大陸パンゲアが完成しました。広大な海（超海洋）をパンサラッサといいます。やがて地球の内部からマントルが上昇してきて、パンゲアは引き裂かれていきます。

約2億年前

この頃からパンゲアが分裂し始め、北にローラシア大陸、南にゴンドワナ大陸ができていきます。ゴンドワナ大陸はパンゲアができる前にもあり、再び単独の大陸として形成されました。

約6500万年前

恐竜時代が終わりに差しかかった白亜紀末期、ゴンドワナ大陸の西側は現在のアフリカ大陸と南アメリカ大陸に分裂、東側からはインドが北上、オーストラリア大陸と南極大陸はまだくっついていました。

現在

今の地球には、北アメリカ大陸、南アメリカ大陸、ユーラシア大陸、アフリカ大陸、オーストラリア大陸、そして南極大陸の6大陸が存在します。日本はユーラシア大陸の東側の島国です。

パンゲア超大陸は、赤道を挟んで三日月のような形で広がっていました。パンゲア超大陸を囲んでいた海が「パンサラッサ」という超海洋です。パンサラッサがあった場所は今の太平洋にあたるため、「古太平洋」とも呼ばれます。

Part1 わたしたちの地球ができるまで

06 海の生きものの力で地球は酸素でいっぱいに！

↑約27億年前に大発生した、シアノバクテリアの死骸が泥や砂といっしょに積み重なったストロマトライトと呼ばれる岩石です。

太陽の光も酸素づくりに関係しているよ！

地球に**生命が誕生したのは、約40億年前**だと考えられています。その頃の地球に海はできていましたが、大気のおもな成分は水蒸気や二酸化炭素で、わたしたちが吸っている酸素はほとんどありませんでした。そのため、地球で最初に生まれた生物は、**酸素を必要としない単細胞の細菌**だったと考えられています。オーストラリア西部にあるピルバラクラトンには、約35億年前の岩石が残されていますが、そこからは酸素がいらない生物（バクテリア）の化石が見つかっています。また、当時の地球には、太陽から有害な粒子

オーストラリア西部のシャーク湾のハメリンプールには、約27億年前に光合成で酸素をつくり始めたシアノバクテリアがつくる岩石、ストロマトライトが今も見られます。

（太陽風）が降り注いでいたため、生物は**太陽風が届かない深海**で暮らしていました。

約27億年前、地球の地磁気が急に強くなったことがわかっています。こうして、太陽風は地球にはたらく磁石の力ではねのけられて、地球表面まで直接届かなくなりました。この地磁気の形成によって、生物は浅い海でも生きられるようになったのです。

このとき誕生したのが、太陽光・水・二酸化炭素を使って**光合成**を行う生物、**シアノバクテリア（ラン藻）**でした。約27億年前、海の浅瀬で大繁殖し、光合成でつくる酸素で地球をいっぱいにしました。その死骸は、泥や砂といっしょに何層にも積み重なって、**ストロマトライト**という層状の化石ができました。この化石は世界各地で発見されていて、現在もオーストラリア・シャーク湾のハメリンプールなどで見られます。

地球の豆知識

シアノバクテリアの大発生は、地球に大量の酸素をもたらしました。大量の酸素は、酸素原子が3個くっついたオゾンも大量につくりました。その結果、上空（成層圏）で有害な紫外線をさえぎる「オゾン層」がつくられたのです。

07 酸素が増えた地球が灰色から赤色になった!?

シアノバクテリアによって地球の酸素は増えていき、24億5000万年前には、大気中の**酸素量は現在の1000分の1以上**に増え、濃度はそれより前の1万倍に上がっていたことがわかりました。

約27億年前、シアノバクテリアが光合成によってつくり出した酸素が増えてくると、海水中に大量にあった鉄イオンと結びついて**酸化鉄（赤鉄鉱や磁鉄鋼など）**になり海は赤色に染まりました。

酸素は、約3億年かけて海水にあったほとんどの鉄イオンと結びつき、結びつく相手がいなくなると、大気中に放出されていきました。このことを**大酸化イベント（大酸化事変）**といいます。

陸地は酸素が少ないため、植物も生えていませんでした。岩石は侵食されても性質は変わらないので、地球は花こう岩だらけの「灰色」でした。ところが、大気中に酸素が増えていくと、地表の岩石や砂、泥に含まれている鉄分も酸化して、大地の色を赤く変えていきます。「灰色の地球」は「赤色の地球」に変わっていったのです。このときの酸化鉄は**赤色砂岩**という堆積岩になっています。

⬆地球に酸素が急激に増えた結果、海にたくさんあった鉄イオンと酸素が結びついて酸化鉄という別の物質になり、海底に降り積もりました。その結果、酸化鉄とケイ酸などでできた鉱物が交互に層状となった縞状鉄鋼層をつくりました。写真は、オーストラリアの西部にあるカラリジニ国立公園のハンコック峡谷の縞状鉄鋼層です。

たくさんの酸素が
地球を赤くしていくよ！

⬅海水中の酸素と鉄イオンが結びついてできた酸化鉄が、浅瀬の海底に積み重なって縞状鉄鋼層となったもの。色の違いは成分の違いで、赤色部分は赤鉄鉱、黒色は磁鉄鉱、黄色は黄鉄鉱と呼ばれる鉱物です。

地球の豆知識

ある物質と酸素が結びつくことを「酸化」といいます。たとえば、水素と酸素が反応して水になるのも酸化です。そして、鉄が酸化すると「酸化鉄」になります。この酸化鉄が増えて、目で見えるようになると「サビ」といわれます。

地球全体が凍って真っ白な時代があった⁉

約22億年前、約7億年前、約6億年前の少なくとも3回、地球全体が凍りついた時代があったことがわかっています。赤道まで凍りついて真っ白な雪玉のようになった地球は、**スノーボールアース（全球凍結）**と呼ばれます。

気温は、大気にどれくらい二酸化炭素が含まれるか（濃度）に影響されます。つまり、何かの理由で大気中の二酸化炭素濃度が低くなると、地表の気温が下がり、大陸の氷河（巨大な氷の塊）が広がっていきます。氷河が広がった地球は白色になります。

「白い地球」は、**太陽の光を反射**してしまうので、よりいっそう気温が下がります。氷河に覆われる面積が増えると、ほとんどの太陽光を跳ね返すため、さらに寒さが激しくなります。そしてついに、暑いはずの赤道のあたりまで凍ったのです。

全球凍結での地上の**平均気温はマイナス40℃**まで下がり、すべての大陸は高さが数千mもある氷で覆われ、海は1000mの深さまで凍りついてしまいました。

そして、全球凍結が起こるたびに、生物は絶滅寸前まで追い込まれてきました。

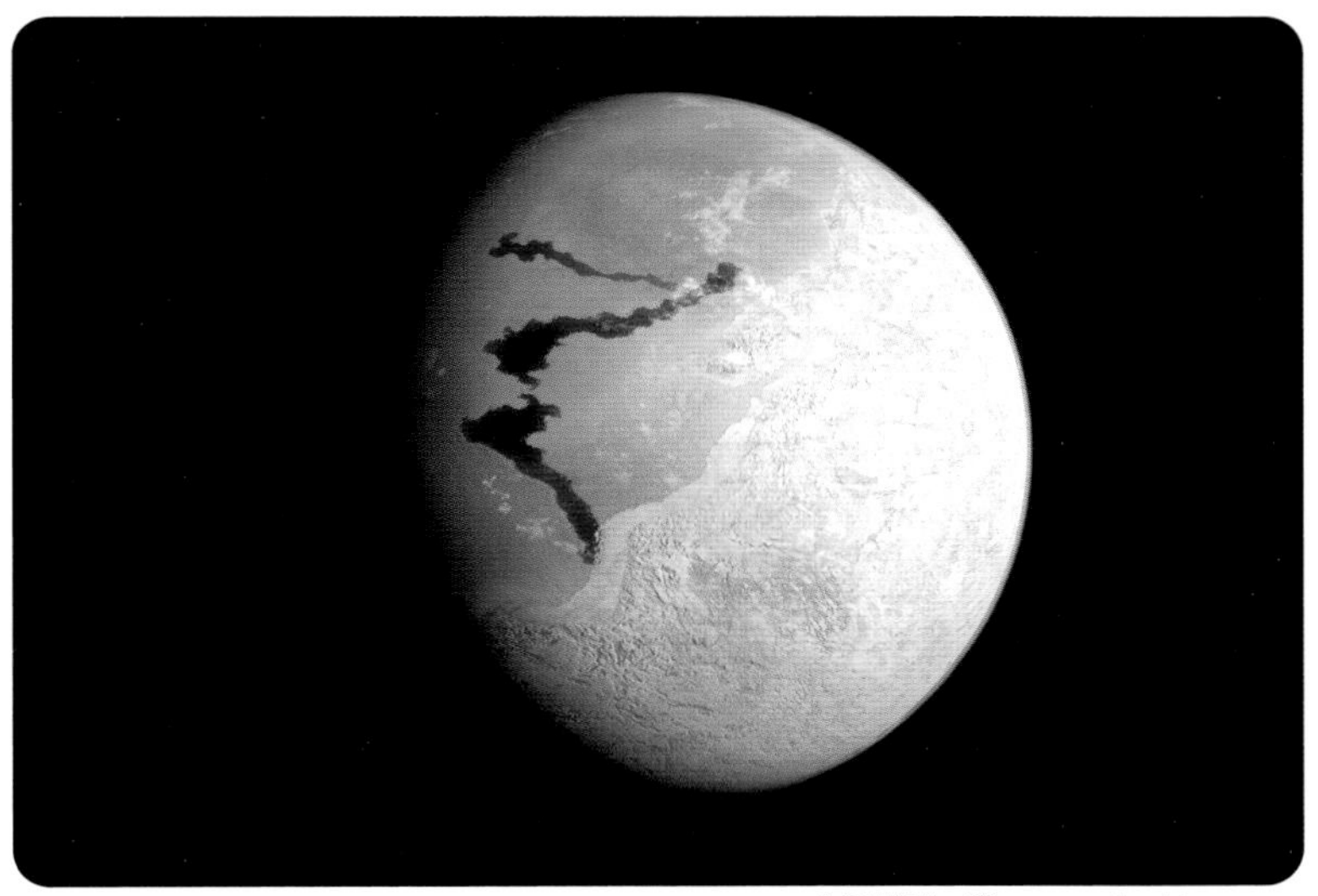

⬆地球全体が凍りついて真っ白になったスノーボールアースの想像図。

© アフロ

⬅写真が撮られた時期の南半球は冬。南極付近にたくさん氷がある時期ですが、スノーボールアースの時代はもっともっと地球は氷の世界でした。

©NASA

マイナス40℃っていうすごい寒さだったんだよ！

地球の豆知識

地球が全球凍結していても、氷の下では火山活動が続いていました。やがて、大規模な火山噴火が起きると、大量の二酸化炭素が大気中に放出されて地球は温暖化に向かいます。こうして全球凍結は終わったのです。

コラム

No.1

地球がある太陽系は宇宙から見てどんなところ？

昔、地球は宇宙の中心にあると考えられていました。もちろんそれは間違いで、地球は、太陽に近いほうから水星、金星、地球、火星、木星、土星、天王星、海王星と８つある太陽系の惑星のなかで、内側から３番目の惑星だとわかっています。かつては冥王星が９番目の惑星とされていましたが、現在では惑星の仲間から外され準惑星となっています。

太陽は、太陽系の中心にある恒星ですが、太陽系は天の川銀河という銀河系のなかにあります。天の川銀河の中心から太陽系までの距離は約２万5000光年あって、太陽系は約2.5億年かけて天の川銀河を１周します。現在太陽系は、オリオン腕という天の川銀河のなかにある渦状腕（渦巻銀河がもっている渦のような構造）のひとつに位置しています。

天の川銀河は、アンドロメダ銀河など数十の銀河といっしょに局所銀河群というグループをつくっています。局所銀河群は、数千の銀河を含むおとめ座銀河団のメンバーで、おとめ座銀河団は、銀河群や銀河団が集まったおとめ座超銀河団に含まれています。さらに、おとめ座超銀河団は、ラニアケア超銀河団と呼ばれるもっと巨大な銀河の集合体の一部です。ラニアケア超銀河団の大きさは５億光年以上もあります。宇宙のなかで地球の住所を表すとしたら、ラニアケア超銀河団・おとめ座超銀河団・おとめ座銀河団・局所銀河群・天の川銀河・オリオン腕・太陽系・第３惑星・地球ということになります。

⬆太陽系のイメージ図。ガスでできた木星（手前左）と土星（手前右）はとても大きな惑星です。 ©NASA

Part 2

地球に現れた生きものの歴史

今の地球には、
最大3000万種の生きものがいると
考えられています。
ここでは、最初の生命誕生の謎に始まり、
恐竜などの絶滅種、魚類や昆虫、哺乳類、鳥類など、
今も繁栄する生きものたちの
進化の道のりを見ていきます。

※化石が生存していた時代の名前と年代は、184ページにある地質年代表をご覧ください。

09 地球に現れた最初の生命はいったいどこからきたの？

わたしたちの地球には、わかっているだけで**約１７５万種**というたくさんの生きものがいます。まだ知られていない種を含めると、その数は５００万種から３０００万種になるともいわれています。でも、もともとの地球には、生きものはいませんでした。宇宙では、地球のほかに生命の確認もされていません。では、地球の生命はどのようにして生まれたのでしょう。

いろいろな説はありますが、注目されているのが**生命の元は宇宙からやってきた**とする考えです。生命には**アミノ酸**という有機物が必要ですが、これは、太陽系ができる頃に、宇宙でつくられていました。そして、この有機物を含んだ**小惑星や彗星**が、大昔の地球へたくさん落ちてきたことで、生命の材料がもたらされたというのです。

また、空からは、落雷によって電気エネルギーも供給されています。深海には硫化水素やメタン、水素などを含む熱水を噴き出している**熱水噴出孔（チムニー）**があります。ここにたどり着いた有機物が**化学反応**を起こして、約40億年前に生命が生まれたのではと考えられています。

⬆太平洋プレートなどが生まれている東太平洋海嶺で撮影された熱水噴出孔。ブラックスモーカーと呼ばれる、高温で真っ黒いガスがもくもくと噴き出しているのがわかります。

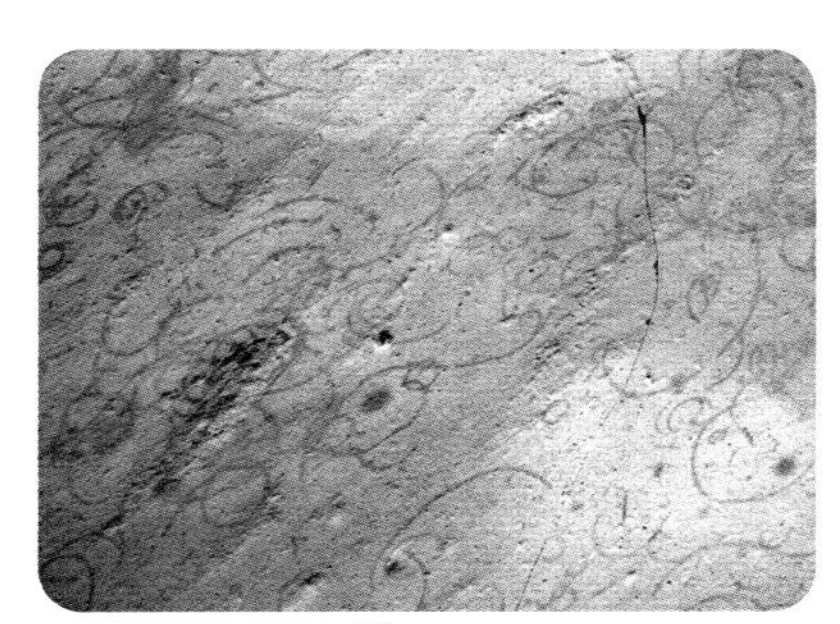

⬆アメリカ・ミシガン州の約21億年前の地層で見つかったグリパニアの化石。コイル状をしていて、幅は約0.5㎜、長さは約2.0㎜。最古の真核生物と考えられていますが、くわしいことはわかっていません。

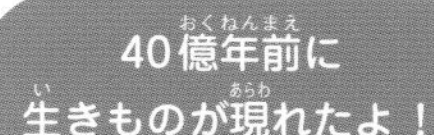

⬇オーストラリア西部で見つかった、約35億年前のごく小さな化石（微化石）。全長は約90μm（μmはマイクロメートルと読んで、1μmは0.001㎜）、太さは人の髪の毛の約8分の1という細さです。

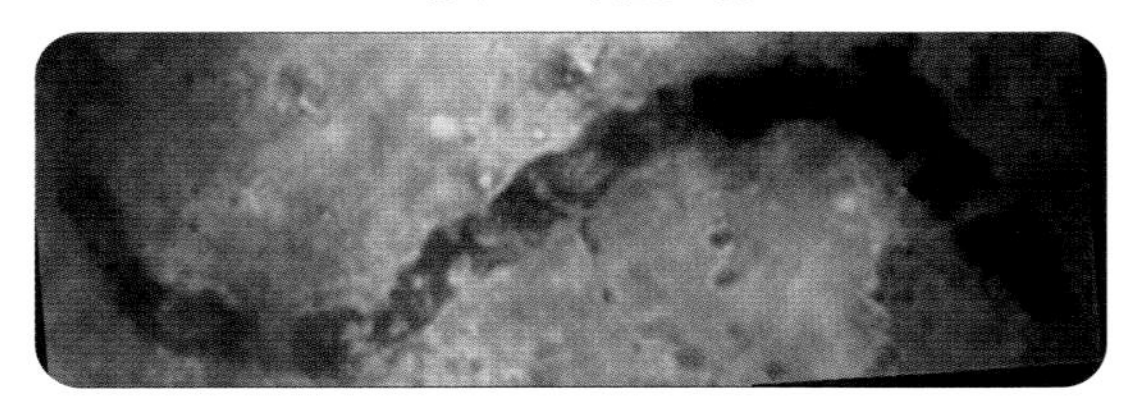

最初の生命が生まれた約40億年前の地球の大気には、酸素がほとんどありませんでした。そのため最初期の生物は、酸素を必要としない「空気が嫌い」と書く嫌気性の微生物で、ひとつの細胞でできた単細胞生物でした。

10 世にも不思議な形をしたエディアカラ動物群が登場！

オーストラリア南部、フリンダーズ山脈の北部にある**エディアカラ丘陵**には、約5億8000万〜5億5000万年前の**先カンブリア時代の地層**が堆積しています。ここでは、約6億年前に起こったスノーボールアース（全球凍結）直後に現れた生きものの化石を観察することができます。

それまで地球には、細胞がひとつだけの単細胞生物か小さな多細胞生物しかいませんでした。全球凍結でその多くが死んでしまうなか、生き残った多細胞生物が、まるで厳しい環境から解き放たれたように、急速な進化を遂げたのです。化石が見つかった生物は約270種で、発見場所にちなんで**エディアカラ動物群**と呼ばれています。

平たい楕円形をした**ディッキンソニア**、原始的なクラゲやイソギンチャクの仲間、ミミズ、ヒルの仲間など不思議な形をした生物が多く、なかには1mを超える大型種もいます。しかし、**どれも目がなく、消化管の痕跡さえ見つからない謎だらけの生物**たちです。

その後、エディアカラ動物群は、地球の急速な気温上昇によって、カンブリア紀の直前に絶滅してしまいました。

⬆海に生きるエディアカラ動物群の想像図。中央の平らで茶色いのがディッキンソニア、左上のピンク色がスワートプンティア、左下の青白い葉のような形がチャルニア、右上の黄色いイソギンチャクのような形がエルニエッタ、右下の黄色い円形がトリブラキディウムという生物です。

©Science Photo Library/アフロ

⬆ディッキンソニアの化石。薄いマット状で、全長は1㎝から1ｍ級まで大小さまざま。口や消化器が見当たらないため、どうやって栄養をとっていたかもわかりません。

⬅トリブラキディウムの化石。全体は円形で、中央部から3本の腕のような溝が伸びています。直径は2～2.5㎝ほど。

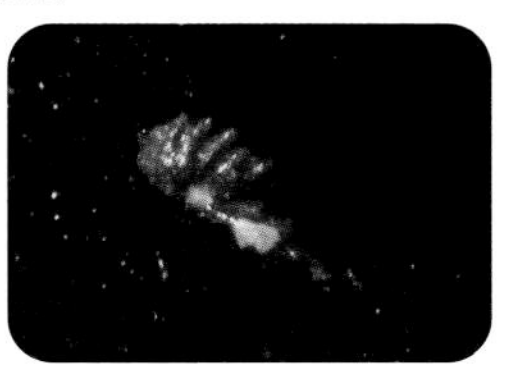

➡古生代の海に数多くいたコノドントの微化石。

⬆シクロメデューサの化石。何重にも円を描いた模様（同心円状の構造）のある円形の生物。全長は約20㎝。

約6億～1億8000万年前の地層で見つかる、歯の形をした0.2～1.0㎜の化石がコノドントです。名前はラテン語で「円錐状の歯」を意味します。細長い体をもつ海の生物の歯と考えられていますが、よくわかっていません。

11

バージェスモンスターも現れたカンブリア大爆発がすごい！

←カンブリア紀の海の生きものたちの想像図。曲がった２本の触手をもち体も大きいアノマロカリス（ピンク色）が泳ぐなか、右下には体長１～３㎝で７対の足と長いトゲ、丸い頭のような尾をもつハルキゲニア（黄色）、左と右手奥などでゾウの鼻のような部位が伸びているオパビニア（黄緑色）、左手前と中央奥でチューリップの花が咲いているように見えるディノミクス（紫色）などがいます。

↑アノマロカリスの一種、アノマロカリス・カナデンシスの触手部分の化石。獲物をとらえるための鋭いトゲがいくつも並んでいます。

約5億3800万年前のカンブリア紀、世界中の海で、さまざまな生物が急激に進化して増えていきました。この現象は**カンブリア大爆発**と呼ばれます。**クラゲや海綿**の仲間、**三葉虫**などが海で栄えましたが、一部には背骨をもつ生物も現れました。

そして1909年、カナダのブリティッシュコロンビア州にあるバージェス山のバージェス頁岩累層と呼ばれる地層で、見たこともないような奇妙な化石群が見つかります。これは、発見地から**バージェスモンスター**と

呼ばれました。バージェスモンスターは、昆虫のような外骨格や触覚のように突き出た眼、針のようなトゲなど、まさしくモンスター（怪物）というべき姿をしていました。

アメリカの古生物学者**スティーブン・グールド**は、1989年の著書『ワンダフル・ライフ』で、現在の生物を分類する「門」という階級のほとんどが、カンブリア大爆発で出現したと書いています。こうした生物には、その後に絶滅して子孫を残さなかったものも多く含まれています。

近年、研究によって、こうした謎の生きものの生態が少しずつ明らかになっています。この時代の海を支配していた最強の捕食者は、全長60㎝〜1ｍの**アノマロカリス**です。アノマロカリスは、体節が8つに分かれた節足動物で、鋭いトゲのある2本の触手と大きな眼をもつまさにモンスターでした。

地球の豆知識

スティーブン・グールドは著書で、バージェスモンスターのうち15～20種は現在知られているどの動物門にも入っていない謎の動物としました。彼はバージェスモンスターを、常識外れの「奇妙奇天烈動物群」と命名しています。

12

硬い殻と視力をもった三葉虫が繁栄した時代

カンブリア大爆発の時期に現れた生物には、ふたつの特徴がありました。まず、体に**硬い殻**をもっていること。もうひとつは、**眼**をもっていることです。

とくに眼は「視力こそが生物が進化する原因になった」とする**光スイッチ説**を生みました。これは、獲物を食べる生物も食べられる生物も、眼を使って自分の身を守り、また、相手を食べて仲間を増やしていったことで、多様な生物が生まれたとする考えです。

このふたつの特徴をもった、カンブリア紀を代表する生物が**三葉虫**です。

三葉虫は、海底の泥から栄養分を得ていましたが、外敵から身を守るため当時の生物でもっとも硬い殻と現代の昆虫と同じように小さな眼が集まった**複眼**をもちました。このような進化で体を守り、三葉虫は5㎜から90㎝にもなる大型種まで多くの仲間を増やしました。形も丸形や細長、頭にツノを生やしたものなど、いろいろな種類がいます。

三葉虫は、**進化の生き残り作戦**によって、多くの生物が絶滅した古生代の最後の時期（ペルム紀後期）まで、およそ3億年を生き延びることができたのです。

⬅デボン紀の三葉虫、キファスピス・ショートスパインの化石。全長は約2㎝。後ろに伸びた3本のトゲ、頭部から突き出た2本の短い突起が特徴的です。

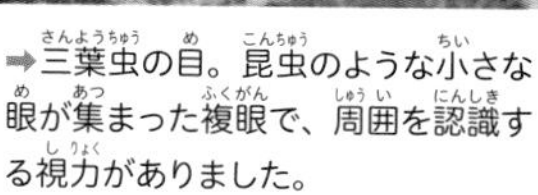

➡三葉虫の目。昆虫のような小さな眼が集まった複眼で、周囲を認識する視力がありました。

⬇カンブリア大爆発の時代に生まれたウミユリの化石。花びらのように見えるところが触手で、これを動かしてエサを捕まえます。

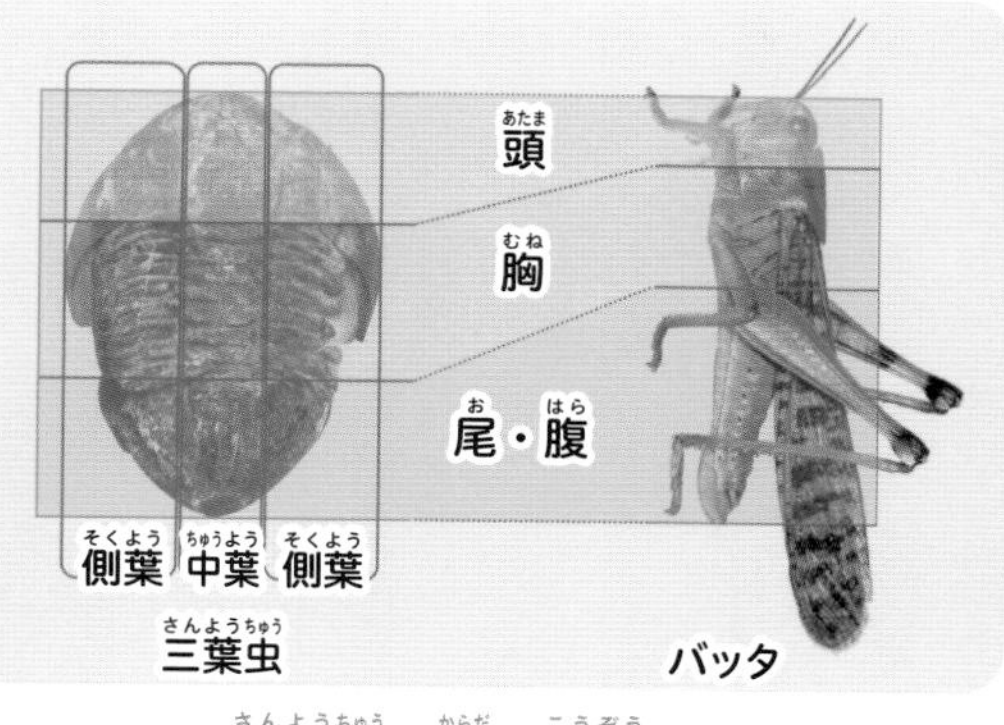

三葉虫の体の構造

三葉虫は真上から見ると中心に中葉、左右に側葉の3つに分かれることから、その名前がつきました。また、昆虫と同じように頭部、胸部、尾部（腹部）に分かれています。

カンブリア大爆発で登場したウミユリは、ヒトデやウニと同じ棘皮動物で、花びらのような触手で獲物を捕まえます。ウミユリは、オルドビス紀に種類が増えて繁栄しました。現在でも「生きた化石」として深い海に生きています。

13 種類が増えて大型化！ 生物大放散事変

⬆ウミサソリの一種、ユーリプテルス・レミペスの化石。「ユーリプテルス」はギリシア語で「広い翼」を意味します。幅が広い足を使って泳いでいたようです。尾の先端は見えませんが、ノコギリ状にギザギザしています。

カンブリア大爆発が起きた次の時代、**オルドビス紀**には、多くの生きものがさまざまな環境のなかで種類を増やしたり大型化した**生物大放散事変**が起こりました。

これには、**地球温暖化**が関係しています。当時の地球は温暖化が進んで海面が上昇、とくに北半球のほとんどは海でした。内陸部にサンゴ礁が発達するなどして、そこにいろいろな生物が暮らし始めたのです。

また、カンブリア紀からオルドビス紀にかけて、**超大陸ロディニアが、ローラシアやゴンドワナなど4つの大陸に分裂**しました。生

⬅オルドビス紀から三畳紀後期にかけて生きていた頭足類直角貝のカメロケラス。現在のタコやイカの仲間で、オルドビス紀の海では最強。鋭い歯をもっていて、三葉虫（中央下）やさまざまな軟体生物（左下）を捕まえて食べていました。

©Science Photo Library／アフロ

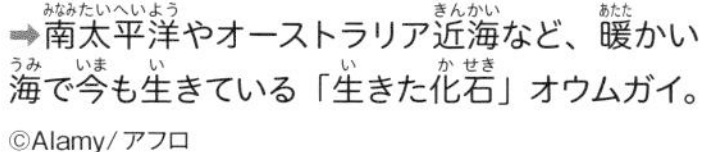

➡南太平洋やオーストラリア近海など、暖かい海で今も生きている「生きた化石」オウムガイ。

©Alamy／アフロ

物の暮らす場所が4つに分かれたことで、それぞれの環境に合うように生きものたちは進化していったのです。

当時の海を支配していたのが**オウムガイ**の仲間です。オウムガイ類は、炭酸カルシウムの硬い殻で柔らかい体を守り、ラッパのような器官から海水を吹き出して泳ぐことで生存競争を勝ち抜いたのです。

オウムガイ類の初期の種類には「直角貝」と呼ばれる、真っすぐな殻や動物の角のような反りかえった殻をもっているものがいました。そのひとつ**カメロケラス**には殻の長さが11mにもなる種類もいました。

オルドビス紀の海に出現した生きもののひとつに**ウミサソリ**がいます。ウミサソリは古生代を代表する捕食動物で、のちには300種類まで増えて、最盛期のデボン紀には全長2mの大型種も現れました。

地球の豆知識

生物の分類には「界・門・綱・目・科・属・種」という階級が使われます。人間は「動物界・脊索動物門・哺乳綱・霊長目・ヒト科・ヒト属・ヒト（種）」です。この分類は、最新知識によって常に新しいグループに組み替えられます。

14 海の主役はオウムガイからアンモナイトへ

オルドビス紀に海の王者となったオウムガイ類ですが、次の時代のシルル紀、さらにデボン紀には、自分たちを捕まえて食べる魚類が現れたため勢いをなくしていきます。代わって、オウムガイから進化した**アンモナイト**が登場します。

硬い殻を巻いて丸くすることで、**いろいろな方向に素早く動ける**ようになり、魚類から逃げやすく進化しました。また、自分の卵を直径1㎜ほどに小さくして、たくさんの数を産むことで子孫を生き残していきました。こうして増えていったアンモナイトは海の主役となり、**直径2mの巨大な種**や、らせん状の形が解けたような**異常巻き**と呼ばれるアンモナイトも登場しました。

同じ頃、海で栄えた生物が**ベレムナイト類**です。それは現在のコウイカ（イカの仲間）に似た姿をしていて、胴の部分についていた骨のような円すい形の殻が、アンモナイトの殻と同じように、いくつもの部屋に分かれていました。

このように、とても栄えたアンモナイトやベレムナイトですが、どちらも白亜紀末期に絶滅してしまいました。

←直径が55㎝もある大型のアンモナイト化石（ジュラ紀、イギリス産）。

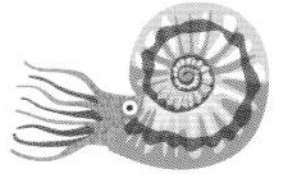

➡直径15㎝ほどのアンモナイト化石。殻のなかは、壁で仕切られたいくつもの部屋になっていて、空気を溜めて体を浮き沈みさせていました。

←現在のイカに似たベレムナイトの化石。ベレムナイトは、三畳紀に現れてジュラ紀～白亜紀に繁栄しました。

オウムガイは、現在も南太平洋からオーストラリア近海に生息しています。その先祖は浅い海で暮らしていましたが、アンモナイトなどとの競争に負けて水深300 ～ 500ｍの深い海へいきました。そのために生き残れたのです。

15 陸に上がった原始の植物には根も葉もなかった？

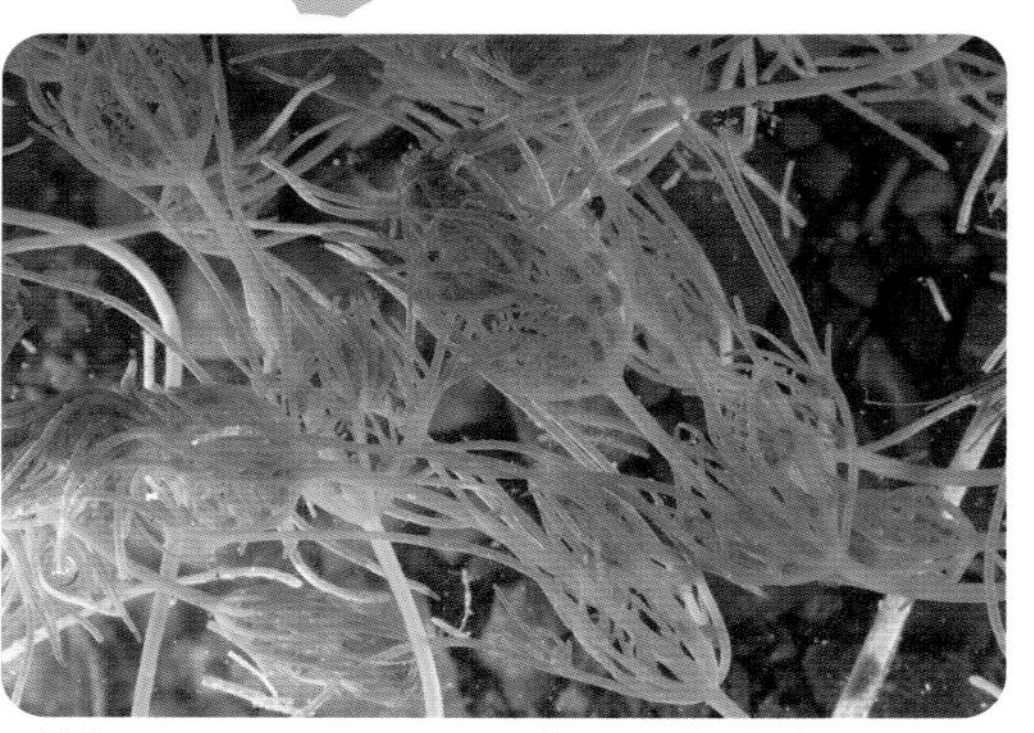

↑水草のようなクサシャジクモ類の現生種。枝の途中にある茶色っぽいものは、子孫を増やすために必要な器官（生殖器）。

最初に現れた陸の植物はコケ植物の仲間だよ！

陸上の植物の先祖にもっとも近いと考えられているのが、水草のような姿をした藻類の**シャジクモ類**です。

シャジクモ類は、光合成や仲間を増やすための細胞のしくみが、陸上植物とよく似ています。藻類は水のなかの生きものですが、やがて進化して、乾燥や太陽の光にも強い体を手に入れ、**苔類（コケ植物）**となって陸上に進出しました。しかし苔類は、仲間を増やす胞子や水分を運ぶ維管束（道管と師管）がなく、根と茎と葉の区別もありません。

全体像がわかっている、もっとも古い植物

↑シルル紀中期、地上に現れた全体の姿がわかっている植物としてはもっとも古いクックソニアの想像図。根や葉をもっておらず、直径1.5㎜くらいの茎が枝分かれしていて、先端には楕円形のような形をした「胞子のう」という器官があります。

©Science Photo Library/アフロ

がシルル紀の**クックソニア**です。シルル紀は大陸の移動によって、陸地に起伏ができためにに雨が多かったので、浅い海にいた藻類が淡水と海水の混じり合った場所へ移動し、やがて乾燥する環境に体を慣らしていったと考えられています。

クックソニアも、シャジクモ類に似た仲間から分かれた種のようです。根や葉がなくて、高さは10㎝ほど。茎の先端に**トランペット型の胞子の袋**をもち、空気中で仲間を増やすことができました。また、水分の蒸発を防ぐため、クチクラ層という強い膜で体を覆い、不完全ですが水分や養分をめぐらせる管のような組織がありました。しかし、その後に現れるシダ植物とは違い、はっきりした維管束がなく、水辺近くに生えていました。維管束をもつ最古の陸へ進出した植物は、デボン紀初期の**リニア**だと考えられています。

地球の豆知識

維管束は、植物が体のなかにもつ血管のような器官です。植物は、このパイプを通じて、おもに水や養分を体のなかに運びます。維管束は、その名前の通り、繊維と管の束ですが、シダ植物と裸子植物の維管束には繊維がありません。

16 アゴを獲得して進化したデボン紀の魚たち

カンブリア紀、背骨の原型である**脊索**をもった**魚類の先祖ピカイア**や**謎の生物コノドント**などが登場しました。それらは体も小さく、弱い生きものでした。

魚の仲間は、オルドビス紀にウロコをもつようになります。続くシルル紀には、穴のような口から泥ごと吸い込み、栄養をより分ける**トレマタスピスなどの無顎類**や、**最初にアゴをもった魚類の板皮類**が登場します。

デボン紀に栄えた板皮類は、頭や胸ビレの付け根に、ヨロイのような硬い骨の板があることから、**甲冑魚**とも呼ばれています。アゴを開閉して噛むことで、獲物を簡単に捕まえることができるようになりました。

そのため、アゴがなく栄養補給が上手ではない無顎類の魚類よりも体を大きくすることができ、一番強い海の生物になりました。**板皮類の王者ダンクルオステウス**は、大きさが4mもありました。

またデボン紀は、上下のアゴをもつ**棘魚類**、サメやエイなどに似た**軟骨魚類**、現在の魚類の先祖ともいえる**条鰭類**が登場するなど、魚類が現れて、種類も増えたため「魚の時代」といわれています。

⬆体長2mの古代ザメ・クラドセラケを狩る、体長4mほどもあるデボン紀の海の王者・ダンクルオステウスの想像図。がっしりとしたアゴが特徴的で、前歯に見えるのは、板状に発達した骨というから驚きです。

➡アゴをもつようになった最初の頃の魚類、クリマティウスの化石。尾ビレ以外のヒレに大きな鋭い15本のトゲがあるのが特徴で、体長はおよそ15㎝あります。

1998年に中国の澄江で見つかった2㎝ほどの化石は、カンブリア紀前期の原始的な生きもので、最古の魚類のミロクンミンギアでした。これまでオルドビス紀に現れた無顎類が最初の魚類といわれてきた説を覆す発見でした。

17 シダ植物などが進化して やがて森ができるまで

デボン紀になると、水分や養分の流れる通道組織という組織が発達した仮道管をもつ植物が現れます。そして、この仮道管をさらに発展させた**維管束**を最初にもったのが、**シダ植物**でした。

維管束植物は、地上に進出したさまざまな動植物の死がいが元になった栄養素や鉱物から溶け出した成分を吸収するため、根を発達させました。そして、体の先に葉をつけ、光合成を効率的に行うしくみもつくりました。

また、維管束が茎のなかにあることで、自分の重さを支える強さが生まれ、大型化していったのです。こうして、シダ植物の**アルカエオプテリス**などは、高さ6～10mの大きな木となって、**デボン紀後期の湿地に最初の森**をつくりました。

続く石炭紀になると、シダ植物は巨大化して、さまざまな形へ進化していきました。高さ30mを超える巨大な**リンボク**の仲間や**ロボク**も登場して、後期には種をもったシダ種子類も誕生しています。それらの巨木は枯れてから地下に埋没し、数億年をかけて**石炭**（122ページ）に変化して、人間社会のエネルギーを支えています。

⬆石炭紀の風景の想像図。倒れたシギラリア（フウインボク）の幹にサソリの仲間（右下）がいます。その近くの陸上（中央下）には、エリオプスという両生類がいます。右中央、リンボクの仲間（レピドデンドロン）の幹にいるのは巨大昆虫メガネウラ、左上を飛んでいるのはムカシアミバネムシの一種です。湖の向こう岸には、高さ40mにもなるレピドデンドロン（左）と高さ20mほどのシギラリア（右）の森が広がっています。

©Science Photo Library/アフロ

➡幹の直径2m、木の高さは40mにもなったシダ植物の仲間、リンボクの想像図。根も葉も先端はふたつに分かれています。

©Stocktrek images/アフロ

⬆リンボクの幹の化石。葉の落ちたあとがウロコのように見えることから「鱗木」と名付けられました。沼などの湿地に生えていました。

巨大なシダ植物は現代の日本でも見られます。沖縄や四国、九州南部の暖かい地方にある常緑性の木生シダ「ヘゴ」で、日本には6種の近縁種があります。ヘゴは茎の高さが4m、茎の上部には長さ2m以上の葉がついています。

18 石炭紀の森で大繁栄した昆虫たち

石炭紀に森林ができて増えたのが、そこを住み家にする**昆虫**です。昆虫は子どもを産むスピードが速く、体が小さいので食べ物も少なくてすみます。また、種ごとに食べ物を変えるので、同じ環境にたくさんの種類が暮らせるという利点もあります。

昆虫類は、ミジンコやフジツボなどの**甲殻類から進化**しました。これまででもっとも古い化石は、約4億年前（デボン紀前期）の地層から見つかったトビムシ類です。

続く石炭紀には、ハネをつけた巨大トンボのような姿をした**メガネウラ**や**カゲロウ**の仲間が空を飛び始めます。カゲロウの幼虫は水中暮らしですが、なかには発達させたエラで水をかいて泳ぐ種もいました。これについては、「泳ぐためのエラを、陸上へ進出するときに飛ぶためのハネに進化させた」という考えがあります。

ペルム紀には**種子植物**が生まれ、針葉樹が増えていきました。そして、ジュラ紀の終わり頃には、花を咲かせる**顕花植物**が誕生します。蜜を出して昆虫を呼び寄せ、花粉を運んで受粉させるように進化したのです。このとき誕生した昆虫がチョウやハチなどです。

➡ハネを広げたときの長さは60㎝と史上最大の昆虫メガネウラ。ハネに模様（脈）があります。トンボの仲間に見えますが、トンボとは異なる生きものと考えられています。

森林と昆虫は仲良しの関係だよ！

⬆トンボの仲間の化石。

⬅フランスで見つかったゴキブリやナナフシの祖先と考えられているプロトファスマの化石。頭が小さくて細長い体が特徴です。

地球の豆知識

地球には約100万種の昆虫がいて、毎年3000種ほどの新種が発見されています。すべての動物の8割は昆虫類だと考えられています。まだ見つかっていない種を含めると、昆虫は500万～1000万種いるといわれています。

19

魚の仲間が陸に上がって新しい生きものに変身した!?

デボン紀から石炭紀に移り変わる頃、生きものたちに大きな変化が訪れました。それまで水中で暮らしていた魚が、姿を変えて陸に上がってきたのです。

場所は水の量が増減して酸素の量も安定しない、内陸にある湿地帯。海を支配する強い動物は、陸地まではやってきません。弱い魚たちには硬い骨と筋肉があったので、浅い水辺を移動するために、胸ビレを前脚へ、腹ビレを後脚へ進化させました。**ユーステノプテロン**に代表される、発達した頑丈なヒレをもった**肉鰭類**の登場です。

さらに、胸ビレが発達して手で浅瀬を移動するような姿の、頭部の見た目がワニに似た**ティクターリク**も現れるなど、水が少ない場所で暮らすことができる生きものが増えていきました。このヒレの形は、のちの動物たちの手足に似ていました。

また、淡水で暮らせるように**内臓も発達**していきます。エラから取り込む酸素が減ったので、空気から直接酸素を吸う肺をウキブクロから発達させました。海から内陸の淡水に進出した魚は、少しずつ上陸に必要な体の機能を整えていったのです。

⬆平らな形をした頭部がワニに似たティクターリクの想像図。首や肩、肘などには陸で生きている四肢動物の特徴を備えていて、魚類から四肢動物へと進化する途中にある生きものとして注目されています。

©Science Photo Library/アフロ

⬅カナダのエルズミア島にある、約3億7500万年前の地層から見つかったティクターリクの化石。頭部の骨はワニのようです。

➡デボン紀後期に現れて、淡水の浅瀬に暮らしていた肉鰭類、ユーステノプテロンの化石。全長は40～150㎝。骨と筋肉がついて発達した胸ビレが特徴で、これは四肢動物の「四足」の原型だと考えられています。

地球の豆知識

カナダ東部にあるミグアシャ国立公園は、化石の宝庫として知られています。とくにデボン紀の化石、魚類が四肢動物へと進化するうえで重要な化石が数多く見つかっています。約3億7000万年前、この一帯は赤道近くの河口でした。

20 怖い敵から逃げるため進化した両生類の陸上生活

約3億6500万年前のデボン紀後期、背骨をもった動物のなかに最初の四肢動物が現れました。肉鰭類が進化した、**4つの脚を得た両生類のアカントステガやイクチオステガ**です。

脚の先には指の骨もありました。ただし、脚があっても水辺で暮らしました。アカントステガの未発達の脚の関節や弱い肋骨は、体重を支えるほど強くなく、体が浮く水中のほうが楽だったのです。アカントステガは、浅瀬を歩くように移動して、ときどき水面から顔を出して呼吸し、産卵も水中で行ったようです。イクチオステガは、**陸上で移動できた最初の動物**と考えられています。肩が丈夫なため、現在のアザラシのように前脚ではうようにして移動していました。

両生類が陸に向かって進化したのは、5mにもなる**ハイネリア**など、巨大で怖い肉食魚が川や湖に現れたからだと考えられています。身を守るために陸上へ上がった両生類は、4つの脚をもっと進化させて陸に適した姿になっていきます。そして約3億5000万年前には、陸上を歩き回ることができる**ペデルペス**などが現れました。

⬆脊椎動物のなかで最初に四肢（四足）を発達させた初期の四肢動物、アカントステガ（左下）とイクチオステガ（中央と中央右）の想像図。どちらも両生類で、アカントステガは浅い水辺を歩くように移動し、イクチオステガは陸地をはうように移動していたと考えられています。

⬅ペルム紀、水辺に暮らしていた小型の両生類、ディスコサウリスクスの化石。魚類のような丸いウロコをもっていました（写真はチェコ産）。

ラトビアで見つかった約3億6500万年前（デボン紀後期）の両生類ヴェンタステガの化石は、骨盤や肩の骨の分析から手足をもつ最古の動物と考えられています。ただし陸上の生活でなく、水中で暮らす生きものだったようです。

21 トゲや歯が不思議な形に進化したサメが海の王者に！

デボン紀の板皮類に代わって、次の石炭紀に海の王者となったのが、**現代のサメやエイ**につながる**軟骨魚類**でした。しかし、現代のサメとは姿が異なる、まるで怪獣映画にでも出てくるような**ユニークな形**をした種も数多くいました。

代表格は**ヘリコプリオン**。これは、まるでアンモナイトの殻のような**渦巻型の歯**をもったサメです。奇妙な歯の化石が見つかっているだけの謎ばかりのサメで、歯がどこにどうついていたのか、どうやって使ったかなどは、まったくわかっていません。

体長20㎝ほどの**ファルカタス**は、**頭にL字型のトゲ**をもっていました。トゲがどんな役割をもっていたかは不明です。もちろん、今のサメと同じような特徴をもった種もいて、たとえば**クラドセラケ**は、流線型の体に大きな胸ビレと尾ビレがありました。

サメは、泳ぎのスピードや高い攻撃性を武器にして、各時代で硬骨魚類や水棲爬虫類、水生哺乳類との生存競争を戦い、現在まで生き残ってきました。ただ、進化の歴史や生態に謎が多いのは、軟骨魚類が化石として残りにくい生物だからなのです。

➡古代サメ・ヘリコプリオンの想像図。ぐるぐる巻きの歯が、本当はどうついていたのかなど、くわしいことはわかっていません。

©Stocktrek Images/アフロ

⬅ヘリコプリオンの歯と考えられている化石。

➡頭部にL字型のトゲがある古代サメ、ファルカタスの化石。この突起はオスにしか見られないことから、子どもをつくるために使われていたかもしれません。

⬅デボン紀後期〜ペルム紀中期、淡水に住んでいたサメの仲間（軟骨魚類）のクセナカンサスの想像図。長い背ビレと頭部の後ろについたトゲが特徴的です。

©Stocktrek Images/アフロ

サメの骨格は、柔らかい軟骨でできています。軟骨はやがてバクテリアなどに分解されて消えてしまうため、硬い歯やウロコしか化石にならないことがほとんど。完全体の化石が見つからないので古代サメの研究は難しいのです。

22

ペルム紀に哺乳類の祖先の頭に穴がある単弓類が現れた

ひとつの巨大な陸地、**超大陸パンゲア**ができたペルム紀には、生きものがどんどん陸上に上がりました。なかでも、**哺乳類の先祖である単弓類**が栄えました。

両生類から進化した単弓類は、頭蓋骨にある目の穴の横に、もうひとつ穴（側頭窓）が開いているのが特徴です。その姿は恐竜か大きなトカゲのようですが、背中にウチワのような帆をもった**ディメトロドン**や、頭に冠のような出っ張りがある**エステメノスクス**など、ユニークな姿をした種もいました。ところで、この2種は**盤竜類**と呼ばれますが、ペルム紀末に絶滅してしまいました。

同じ単弓類でも、盤竜類よりあとに現れた**獣弓類**は、その姿が哺乳類に近づきます。たとえば、爬虫類の脚は体の横に伸びていますが、獣弓類の**キノドン**の脚は、哺乳類のように胴の下に伸びていました。これにより、素早い動きができたのです。歯の生え方も、食べ物をすりつぶす奥歯の臼歯が発達していたので、獲物を噛み砕いてじょうずに消化できたと考えられています。

やがては獣弓類も絶滅しますが、生き残った仲間が、哺乳類へと進化します。

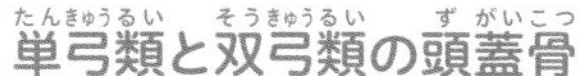

単弓類
側頭窓は左右ひとつずつあって、進化するごとに穴が大きくなっていきました。

双弓類
側頭窓は左右ふたつずつで、穴が閉じたり広がったりする種類もいたようです。

⬆北アメリカに生息していた単弓類（盤竜類）のディメトロドン。背中に張り出した帆のようなヒレは、骨のなかにある血管を利用して体温調整をするためと考えられています。鋭い歯をもつ肉食動物でした。

三畳紀前期、超大陸パンゲアに生息していたと考えられている植物食性の単弓類（獣弓類）のリストロサウルス。体長はおよそ1m。歯を使って水草などを引き抜いて食べていたようです。

ペルム紀の次の三畳紀、陸上で最強だった爬虫類のクルロタルシ類に追いやられて単弓類は小型化。後期には、クルロタルシ類からワニの先祖プロトスクスが現れます。現在のワニは背中のウロコが6列ですが、先祖は2列でした。

23

水辺を離れた両生類が爬虫類へと進化した！

⬆超大陸パンゲアがあった時代、三畳紀の代表的な爬虫類のヒペロダペドン。植物食性でおもにシダ植物を食べていたと考えられています。体長は約1.3m。

両生類から進化して、石炭紀の後期に小さなトカゲとして生まれた**爬虫類**は、ペルム紀にたくさんの種類に分かれ、次の三畳紀にはもっと進化しました。

爬虫類の特徴は、**乾燥に強い皮膚**、**発達した脚**、**水分が漏れ出さない硬い殻をもった卵**などです。そのため爬虫類は、両生類のように産卵のときに水辺へいく必要がなくなり、陸地の奥まで住む場所を広げて数も増やしました。やがて、**クルロタルシ類**や恐竜類につながる**主竜様類**、トカゲなどの仲間の**鱗竜形類**に分かれていきます。

⬇水中での生活に最初に適応した爬虫類、メソサウルス。脚は水かきがついています。アフリカ大陸と南アメリカ大陸で化石が見つかっていることから、メソサウルスが生きていた当時、2大陸がくっついていたと考えられました。

⬅三畳紀後期、植物食性で陸上生活していたと考えられている古代カメ、プロガノケリス。全長は1mほど。2008年に中国でオドントケリスの化石が見つかるまで最古のカメといわれていました。

石炭紀後期に現れた**リムノスケリス**は、爬虫類へ進化する途中の両生類で、同時期に生まれたヒロノムスは全長20㎝ほど、熱帯林に暮らす最初の爬虫類の一種です。

また、化石が見つかっている最古のカメは、三畳紀後期に現れた**オドントケリス**です。腹側にしか発達した甲羅がなく、現代のカメにはない細かな歯があるのが特徴です。背にも腹にも甲羅をもつ最古のカメが**プロガノケリス**で、オドントケリスより1000万年ほど新しい種です。

メソサウルスは、ペルム紀前期に水中で暮らしていた爬虫類です。爬虫類は両生類から進化して陸に上がりましたが、こちらは完全に水中生活へ戻る「進化」をした最初の爬虫類です。体長は約1m、内陸にある川や沼に住んで、エビや小魚を食べていたと考えられています。

地球の豆知識

ペルム紀後期の爬虫類コエルロサウラヴスは、体の縁に沿って生えた骨組みが皮膚で覆われ翼のようになっていました。これを使ってグライダーのように滑空したコエルロサウラヴスは、初めて空を飛んだ脊椎動物といわれています。

24 肉食恐竜と植物食恐竜の巨大化バトルが始まった！

三畳紀終わりの大量絶滅（74ページ）を生き残った**恐竜**の仲間は、次のジュラ紀で種類を増やしました。

恐竜は、骨盤（腰の骨）の形から**鳥盤類**と**竜盤類**に分けられ、竜盤類は**植物食の竜脚形類と肉食の獣脚類**に分けられます。そして、ジュラ紀の生きものの頂点にいたのが竜盤類・獣脚類の**アロサウルス**でした。

アパトサウルスのような長い首と尾が特徴の竜脚形類は、天敵のアロサウルスなどの肉食性恐竜に負けないよう体を大きくしました。ジュラ紀は、光合成に必要な大気中の二酸化炭素が今の7～8倍もあり、植物がよく育ちました。つまり、体を大きくするための食べ物が豊富にありました。食べた植物を消化するため、小腸など長い消化器官を収めるため、大きな胴体も必要だったのです。

また、竜脚形類は空気をためる「気嚢」という器官をもっていて、成長に必要な酸素をじょうずに体内に取り入れることができました。しかし、大きくなると体温がこもるので、熱を逃がすために体の面積を増やそうとより大型化しました。**竜脚形類は獣脚類と競い合って大きくなっていった**のです。

⬆ジュラ紀後期、肉食のアロサウルス（左）が植物食のステゴサウルス（右）を襲っています。アロサウルスは全長9～12m、薄くて切れ味のいい歯をもっていて、前肢の3本の指で獲物を抑え込むことができました。ステゴサウルスは全長6mほどで、尾の先についた2対4本のスパイクと呼ばれるトゲで反撃したと考えられています。

©Science Photo Library／アフロ

ティラノサウルスより前に現れた王者はアロサウルスだよ！

⬇ジュラ紀の北アメリカに生息していた、巨大な植物食恐竜アパトサウルス。生まれたときは30㎝くらいの小さな体が、1年間で5トンにも成長しました。体を大きくすることで、アロサウルスなどの敵に対抗したと考えられています。大人は全長が25mにもなりました。

©Science Photo Library／アフロ

恐竜類の先祖は約2億5000万年前、三畳紀初期に現れました。それが恐竜形類です。ポーランドやフランスで発見されたネコくらいの小さな動物の足跡化石は、恐竜形類のものとされ、プロロトダクティルスと名づけられました。

25 パンゲア分裂で生まれた海で栄えた首長竜と魚竜

ペルム紀末に起きた大量絶滅（74ページ）を生き延びた爬虫類の一部は、住む場所を海に広げて**海棲爬虫類**に進化していきました。上陸し、両生類から進化した**爬虫類が海に戻った**のです。

続く三畳紀の終わりには、ひとつだった大きな陸地のパンゲアは南北の大陸に分かれ、ジュラ紀前期にはふたつの陸地に挟まれた温暖な海（テチス海）ができあがりました。三畳紀終わりにも起きた大量絶滅を生き残った生きものたちは、この海で再び数を増やして新しい種を生み出します。

豊かな海で栄えたのは**ベレムナイト**などのイカの仲間、タコなど頭足類の仲間の**アンモナイト**、現在の魚に似た**真骨魚類**などで、ジュラ紀中期までは、それらをエサとする海棲爬虫類の**首長竜と魚竜**が**海の王者**となりました。首長竜は、脚がヒレになった種で、日本で見つかった**フタバスズキリュウ**もその仲間です。**イクチオサウルス**などの魚竜は、頭部や尾が細い紡錘形の体形をしていて、とても速く泳ぐことができました。海棲爬虫類の仲間は、次の白亜紀まで、海の王者としてとても栄えたのです。

1823年に世界で初めて全身の骨格化石が発見された首長竜、プレシオサウルスの想像図。ジュラ期前期の海の支配者で、小さな魚やイカやタコ、アンモナイトなどを食べていました。全長は2～5mありました。

©Science Photo Library/アフロ

⬆イルカのような姿をした魚竜のイクチオサウルス（左）を追いかける、大きな頭と短い首が特徴的な首長竜のリオプレウロドン（右）の想像図。イクチオサウルスはなぜか、恐竜や首長竜などよりも早い9000万年前頃に絶滅していますが、その理由はわかっていません。

©Stocktrek Images/アフロ

長い首を使って魚を捕まえていたと考えられている首長竜ですが、首が短い種類もいました。ジュラ紀後期のリオプレウロドンはその代表です。リオプレウロドンは大きな頭とアゴをもっていて、12mにもなる最大級の首長竜でした。

26

超大陸パンゲアの分裂と大恐竜時代の到来！

⬇白亜紀末期、北アメリカの生態系で頂点に立っていたティラノサウルス。全長が13mほどもある史上最大級の肉食恐竜です。大きな頭部と太くて長い歯が印象的です。

恐竜はジュラ紀に、種類を増やして栄えていきました。

北アメリカでは、植物食の竜脚形類と肉食の獣脚類が競い合うように大きくなって、背中に板をもったり、速く走ったりすることで身を守る種類もいました。

中国ウイグル自治区のジュラ紀中期の地層からは、小さな恐竜の化石がたくさん見つかっています。たとえば全長3mの**グアンロン**という恐竜は、**もっとも古いティラノサウルスの先祖**でした。全長1・7mの獣脚類**リムサウルス**は、角をもっていた**ケラトサウル**

➡白亜紀後期の北アメリカに暮らしていた植物食恐竜のトリケラトプス。頭部に生えた3本の角、頭部の後ろにあるフリルと呼ばれる飾りが特徴的です。フリルは敵の攻撃から身を守るための盾ではないかと考えられていますが、はっきりとはわかっていません。

©Stocktrek Images/アフロ

⬅白亜紀後期の植物食恐竜アンキロサウルス。全長は7～11m。敵から身を守るため、トゲトゲした骨質のウロコで身を固めています。尾の先にあるハンマーを振り回して、敵を攻撃したとも考えられています。

©Stocktrek Images/アフロ

スの先祖で植物食だったことがわかっています。また、全長1・2mほどの**インロン**は、もっとも古い角竜の仲間です。ジュラ紀には次の白亜紀に世界に広がって、大繁栄する恐竜の先祖が登場していたのです。

　恐竜の種類が増えた理由には、**超大陸パンゲア**が北のローラシア大陸と南のゴンドワナ大陸に分かれ、それぞれの環境に合わせて恐竜が進化したことが挙げられます。

　北半球では、小型のグアンロンが白亜紀前期に全長9mの**ユウティラヌス**に進化しました。そして、白亜紀の終わりには、地球史上もっとも強い肉食動物である**ティラノサウルス**が現れました。ティラノサウルスが狙った獲物は、これも大型化した角竜の仲間**トリケラトプス**でした。白亜紀は、ティラノサウルスを生きものの頂点とした**大恐竜時代**だったのです。

地球の豆知識

1996年、ティラノサウルスの羽毛化石が発見され、ティラノサウルスにも羽毛があったと思われました。しかし最近の研究では、化石のさまざまな部分からウロコが発見され、体の大部分には羽毛がなかったと考えられています。

27 羽毛をもった鳥の先祖は恐竜時代に生まれていた！

19世紀、ドイツのジュラ紀後期の地層から、長い尾をもつ鳥のような生物の化石が発見されました。これは「最初の鳥」と考えられ**始祖鳥**と名づけられました。始祖鳥は鳥類に似ていますが、異なる特徴もあります。翼にカギ爪、アゴには歯、骨のある尾は恐竜の特徴です。

いっぽう、鳥類で一番の特徴といっていい羽毛は、じつはティラノサウルスなどの恐竜の獣脚類ももっていました。1990年代、中国で羽毛をもつ白亜紀の恐竜**シノサウロプテリクス**の化石が次々と発見され、**鳥類は恐竜から進化したグループ**と考えられるようになりました。化石からは色素の粒も発見され、**尾がしま模様で背筋から尾にかけて茶褐色の羽毛**が生えていたこともわかりました。現在では鳥類の祖先の原鳥類は、獣脚類のグループと考えられています。

恐竜から鳥への進化の途中にいるのが羽毛恐竜で、始祖鳥はそれとは別のグループだったという考えですが、白亜紀よりも年代が古い始祖鳥が鳥類の先祖ではないとするには、ジュラ紀に生きていた羽毛恐竜の化石が発見されなくてはいけません。

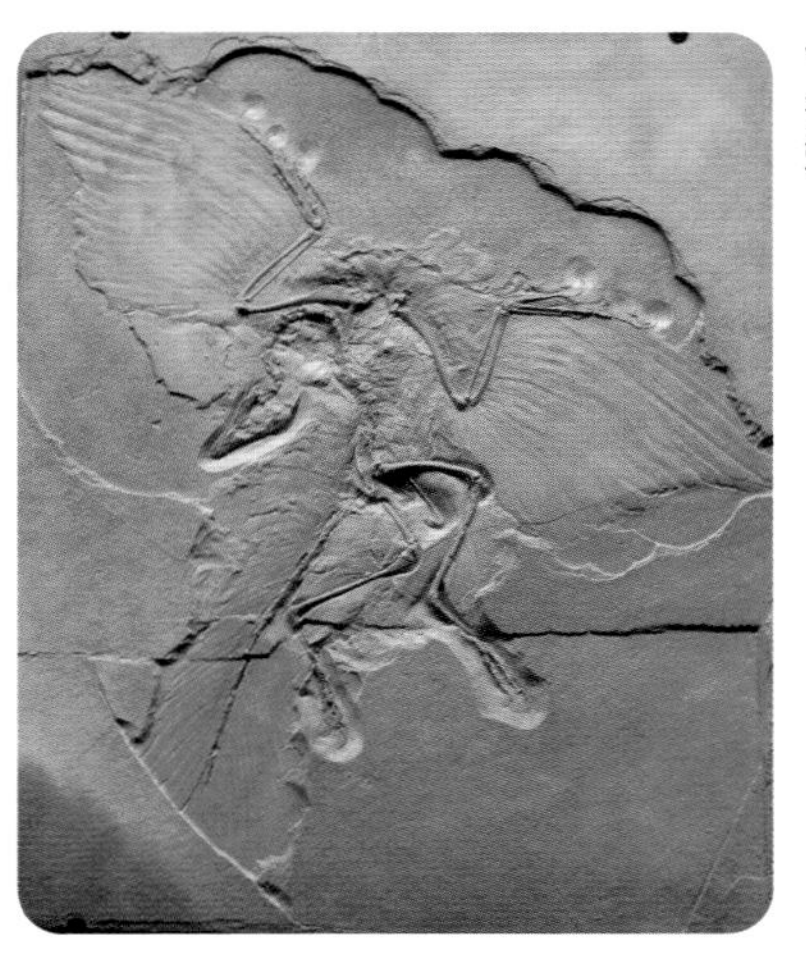

⬅1876年に発見された「ベルリン標本」といわれる始祖鳥（アーケオプテリクス）の化石。羽、頭部、脚がほぼ完全なかたちで残されています。

⬇始祖鳥（アーケオプテリクス）は羽ばたいて飛べるほど翼が発達していなかったため、木に登ってグライダーのようにして空を飛んでいたと考えられています。

©Science Photo Library/アフロ

➡白亜紀後期の羽毛をもった獣脚類で「ダチョウ恐竜」とも呼ばれるオルニトミムスの想像図。翼ももっていますが、骨のつき方などから飛ぶ能力はなかったと考えられています。翼をつけた理由は、求愛行動や卵を温めるためなどいくつかの説があります。

©Science Photo Library/アフロ

始祖鳥の骨は、鳥のように中身が空洞になっていますが、胸の骨が原始的で筋肉を支えられなかったため、強く羽ばたけなかったようです。木から木へグライダーのように滑空していたとも考えられていますが答えは出ていません。

28 海を支配した最強の王者 モササウルスの大繁栄！

⬆オランダのマーストリヒト自然史博物館に展示されているモササウルスの全身骨格復元模型。

白亜紀中頃の海に、**海棲爬虫類のモササウルス類**が現れました。名前は、オランダのマーストリヒト郊外にある鉱山で最初の化石が発見されたことに由来していて、近くを流れる川から「マース川のトカゲ」を意味する名前がつけられました。

モササウルスは、ティラノサウルスなどがいる陸では弱い立場だったため、海に追いやられたトカゲの仲間です。ところがモササウルス類は、海の浅瀬で暮らし始めると状況が変わります。**大きな頭と強力なアゴ**を武器にして、あっというまに**世界中の海で一番強い**

⬆白亜紀後期、海を支配していた最強の海棲爬虫類モササウルス。

©Science Photo Library/アフロ

生きものになったのです。

大きな種類では全長13mもあって、魚類やアンモナイト、ほかの海棲爬虫類や翼竜、さらに、何とティラノサウルスを含む恐竜とさえ戦って食べていたようです。共食いをしていたこともわかっています。

モササウルスの歯型がついたアンモナイトの化石も見つかっています。これは獲物をかじった跡ではなく、殻を砕いて中身の空気を抜いたときの跡で、泳げなくしてから食べたと考えられています。海上に近づくのを待ち伏せして翼竜の狩りもしていました。

モササウルスの肋骨は胸にしかありません。これはお腹のなかで子どもを育てる**胎生**の証拠で、2015年には赤ちゃんの骨も見つかりました。モササウルスが短期間に栄えたのは、親が子にエサの取り方などを伝えて子育てしていたからという説もあります。

地球の豆知識

三畳紀に現れたのが、空を飛ぶ翼竜です。小鳥ぐらいの小さな種類から、翼を広げると12mを超える大きな種類までさまざま。おもにグライダーのように滑空しましたが、大型のものは、少しは羽ばたいたと考えられています。

29 突然にやってきた恐竜たちの最期

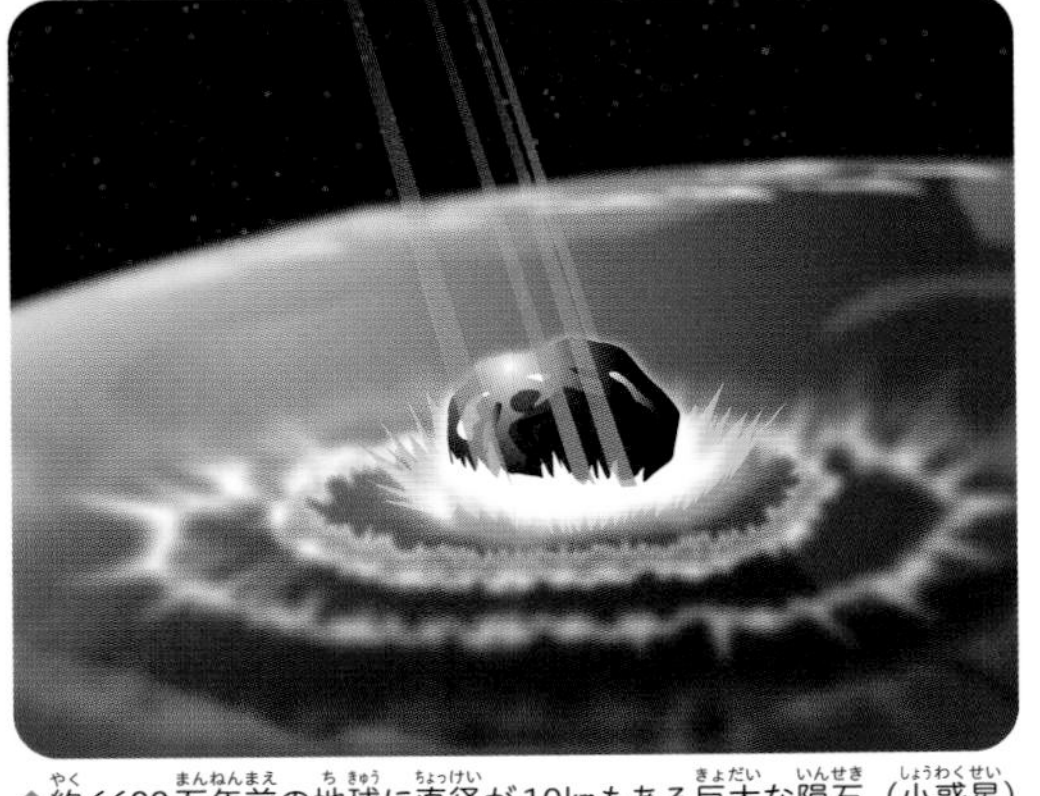

⬆約6600万年前の地球に直径が10kmもある巨大な隕石（小惑星）が衝突しました。場所はメキシコのユカタン半島先端で、落下地点の温度は数百万℃になり、海底には直径180kmにもなるクレーターができました。

約6600万年前の**白亜紀末**、地球に小惑星が衝突して、環境を大きく変化させたことがきっかけとなり、恐竜の時代は終わりを告げました。

イタリアの渓谷で、白亜紀から新生代第三紀の連続した地層を調査していた研究者が、境界の粘土層に**イリジウム**という物質が混じっていることに気づきました。それは、その時代に落ちてきた**巨大な隕石**に含まれていた元素だと考え、各地を調査して、ついにメキシコのユカタン半島の海底に直径180kmという大きな落下跡、**チクシュルーブ・クレー**

⬆約6600万年前の小惑星衝突が原因になって、当時の地球にいた生物の75%ほどが絶滅したのです。

隕石の衝突が地球を大きく変えたんだ！

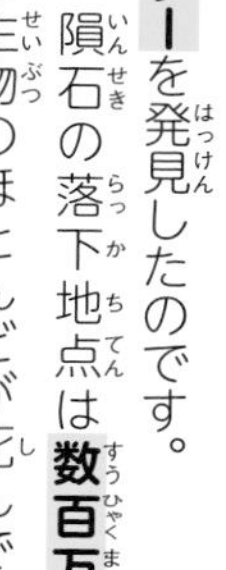

ターを発見したのです。

隕石の落下地点は**数百万℃**になり、海の生物のほとんどが死んでしまいました。1000㎞先に高さ1㎞の**津波**が押し寄せ、熱波も襲ったため陸上の動物も多くが死滅。飛び散ったほこりが太陽光線をさえぎり、**気温は40℃も下がって**植物は育たなくなりました。すると植物食恐竜が減って、それを食べていた白亜紀の王者ティラノサウルスをはじめとした肉食性の恐竜も姿を消しました。結果的に、恐竜や首長竜、翼竜など**生物種の75%が死ぬ**とともに、中生代という時代は終わったのです。

この変化を乗り越えたのは、肉食恐竜などの天敵が死んだことで生きやすくなり、環境変化を生き延びる強さをもっていた小型の哺乳類や鳥類、硬骨魚類、昆虫、種子植物などで、次の時代に大繁栄します。

地球の豆知識

小惑星衝突の災害は、南半球のゴンドワナ大陸（今の南極や南米、オーストラリア南部）にはおよびませんでした。そこで暮らしていた恐竜たちは、大絶滅を生き延びて、長ければ何十万年も生きていた種もあると考えられています。

30 絶滅したヒトの仲間と現代人へつながる進化したヒト

白亜紀の終わり頃、最初の霊長類が現れました。約6550万年前の北アメリカの地層で発見された**プレシアダピス類**（偽霊長類）です。これはアメリカでは絶滅しますが、ヨーロッパとアフリカで増えて、**旧世界ザル、新世界ザル、類人猿へと進化**します。類人猿とは、ヒトと似た形態のチンパンジーやゴリラ、オランウータンなどの霊長類を指します。

アフリカ大陸で見つかった約700万年前の**サヘラントロプス**は、**猿人**と呼ばれる最古の人類と考えられています。その後、**480万年前にヒトとチンパンジーは進化の途中で別れました**が、ヒトとチンパンジーの遺伝情報（DNA）は96％同じです。

エチオピアで見つかったのは、**約400万年前のアウストラロピテクス**です。脳の量は現在のチンパンジーと同じくらい。彼らは簡単な石器で狩りをしていました。

240万年前にはアウストラロピテクスから進化した**ホモ・ハピルス**が登場。その子孫が180万年前、脳が発達して火を使うようになったジャワ原人や北京原人などの**ホモ・エレクトス**へ進化します。

⬇約700万年前、チンパンジーから進化していった人類のイメージです。体の毛の量が減ったり、徐々にまっすぐに二足歩行していくようすが描かれています。
©Science Photo Library/アフロ

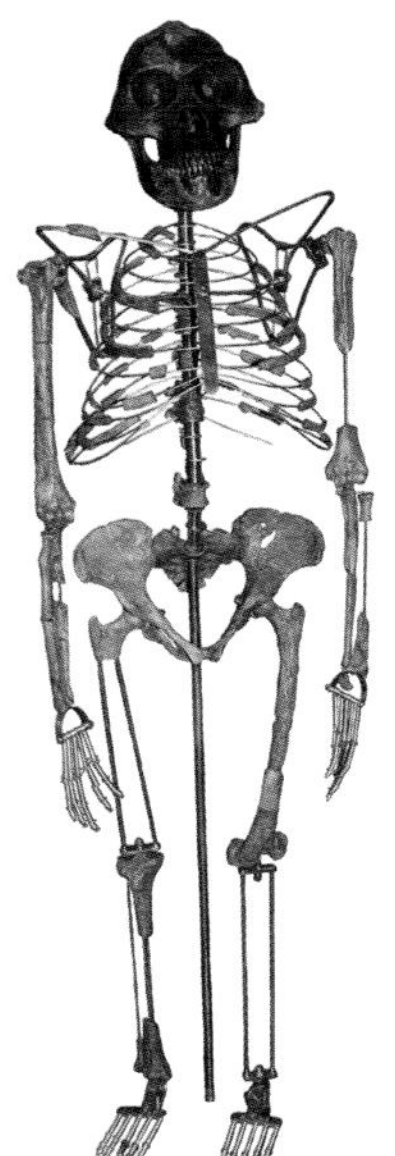

⬅エチオピアで発見された、アウストラロピテクス「ルーシー」の骨格標本。
©Alamy/アフロ

そして、25万年前には**ネアンデルタール人（旧人）**が現れます。脳が大きくて、高い知能や技術をもっていました。死んだ仲間を埋葬していたという説もあります。

そして約15万年前に現れたのが、**新人**と呼ばれるクロマニヨン人などの**ホモ・サピエンス**です。ヨーロッパや北アフリカで暮らしていた彼らは、今のヒトの先祖にあたり、細かい道具をつくるだけでなく、住んでいた洞窟に絵や彫刻も残しています。

地球の豆知識

エチオピアで見つかったアウストラロピテクスは若い女性で、「ザ・ビートルズ」の楽曲名から「ルーシー」と名づけられました。その後に見つかった3歳ほどの赤ちゃんの頭骨は「ルーシーの赤ちゃん」と呼ばれています。

31

地球全体が寒くなった氷河期と生きものの大移動

約258万年前から1万年前までを**第四紀更新世**といいますが、その時代は、地球全体が寒くなる**氷河期**が繰り返しやってきた時代でした。その後の現代までに、地球は4回の氷河期を経験しています。地球が誕生してから大陸に氷河が成長した時代と、そうでない時代が繰り返し起きているのです。

氷河期は、氷が陸地を覆ったことで海面が低くなります。その結果、**大陸同士が陸橋で地続き**になりました。北のシベリアと南のアメリカ大陸もつながっていたのです。この陸橋を渡って、ウマやマンモス、そして人間といった、多く生きものが移動しました。

これは、**アメリカ大陸大交差**と呼ばれています。移動したさまざまな動物たちは、新しい土地で栄えたり、競争したりして大きく様変わりしました。

たとえば、アメリカにいたウマはサーベルタイガーなどの肉食動物に食べられましたが、アジアやヨーロッパに移動した仲間は栄えました。**マンモス**はヨーロッパからシベリアやアメリカ、アフリカ、アジアなどの大陸に渡りましたが、最後には道具を使うようになっていた人間の狩猟でいなくなりました。

⬆氷河時代（約258万～1万1700年前の更新世）のアルゼンチン・パタゴニア地方に生きていた動物の想像図。ステゴマストドン（大きなゾウのような生きもの、中央奥）、アルマジロ（鎧をつけた小型の動物、左）、サーベルタイガー（ネコ科の大型動物、左手前）、メガテリウム（巨大なナマケモノ、左中）、ヒッピディオン（群れているウマの仲間、中央）、マクラウケニア（不思議な形の鼻をもつ哺乳類、右手前）などが描かれています。

シベリアとアメリカ大陸がつながっていた時代もあるんだ！

⬅たくさんの毛が全身を覆っていて、氷河時代の寒さに適応していたケナガマンモスの想像図。大きく曲がったキバが特徴的です。

現在の地球は、約7万年前から1万年前まで続いた最終氷期（ヴェルム氷期）が終わり温暖化に向かっています。そして、氷期と氷期の間の間氷期にあたります。またいつ氷期に入るのかは、まだよくわかっていません。

コラム

No.2

突然、生きものの種類がたくさん減る大量絶滅って？

古生代から新生代にかけて、それぞれの時代の最後に代表的な「生物大量絶滅」が５回起きています（ビッグ５といいます）。これは、地球上の生きものが子孫を残さずに全滅してしまうこと。最大の絶滅事件が、古生代ペルム紀末期に起きた「P-T境界大量絶滅」で、三葉虫やフズリナなど海の無脊椎動物の96％、地球にいた全生物の90％が絶滅しました。大量絶滅の理由にはいくつかの説がありますが、ペルム紀末期は、寒冷化などによって「絶滅」が起きていたところに、マントルの巨大な上昇流（スーパーホットプルーム）による火山活動が重なったためと考えられています。溶岩で森は焼かれ、有毒物質をまき散らし、太陽光はさえぎられて地球は寒冷化。光合成をする生物が減って酸素も減り、生きものがたくさん消えたというものです。中世代末期の「K-Pg境界大量絶滅」は小惑星衝突が原因で、恐竜など75％の生物種が姿を消しました。この大量絶滅を生き延びた鳥類や哺乳類、硬骨魚、昆虫、種子植物などは、敵が絶滅したことで大繁栄していきます。

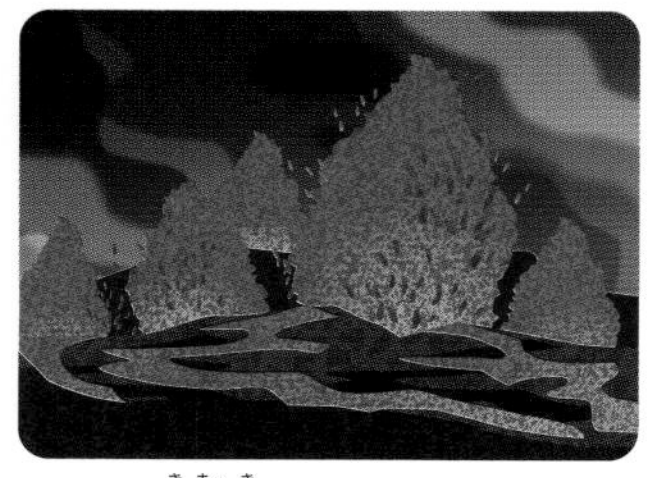

⬆ペルム紀末期、シベリア（ロシア）の大きな火山活動が原因で大量絶滅が起きました。

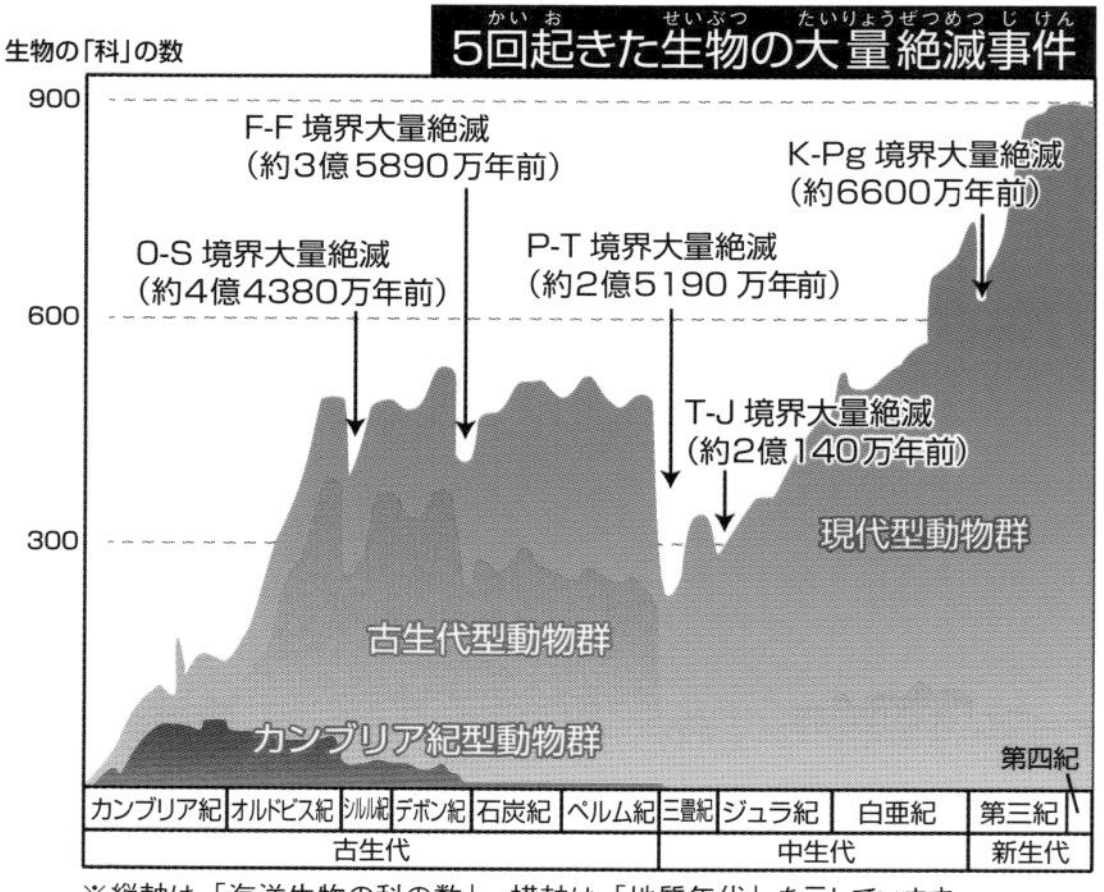

※縦軸は「海洋生物の科の数」、横軸は「地質年代」を示しています。

Part 3

地球を知ること 調べること

大きく分けて3種類ある岩石のでき方、
しま模様をつくっている地層、
ぐにゃっと曲がっていたり
スパッと切れたようにずれている岩、
移動する大陸や火山が噴火するしくみなど、
謎を追っていくと
地球のメカニズムに近付きます。

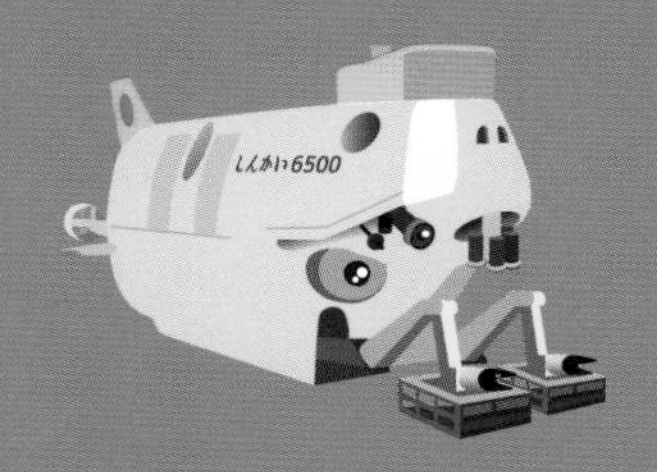

32 どのようにしてできたかで岩石は3種類に分けられる？

地球の岩石は、でき方によって大きく**火成岩、堆積岩、変成岩**に分けられます。

火成岩は、地下にある高温のマグマが冷え固まってできた岩石です。火山活動でマグマが火口から出て溶岩となり**急冷して固まった**岩石が**火山岩**です。マグマが地中深くでゆっくり冷え固まってできた岩石が**深成岩**です。

堆積岩は、海底に運ばれてきた泥や砂、れき（小石の粒）、火山灰、生物の死骸などが堆積し、長い年月をかけて押し固められてできた岩石です。また、堆積岩は押し固められてできた粒の大きさによって、泥岩（1／16㎜以下）、砂岩（1／16～2㎜）、れき岩（2㎜以上）に、火山灰が固まっていれば凝灰岩、生物の死骸であればチャート、石灰岩などに分けられます。

変成岩は、火成岩や堆積岩などが、熱や圧力によって別の鉱物がつくられてできた岩石です。高温のマグマに触れて岩石の性質が変わることを**接触変成作用**、生まれ変わった岩石を**接触変成岩**といいます。プレートが沈み込んでいき、地下の圧力や熱で岩石の性質が変わることを**広域変成作用**、生まれ変わった岩石を**広域変成岩**といいます。

岩石の種類とできる場所

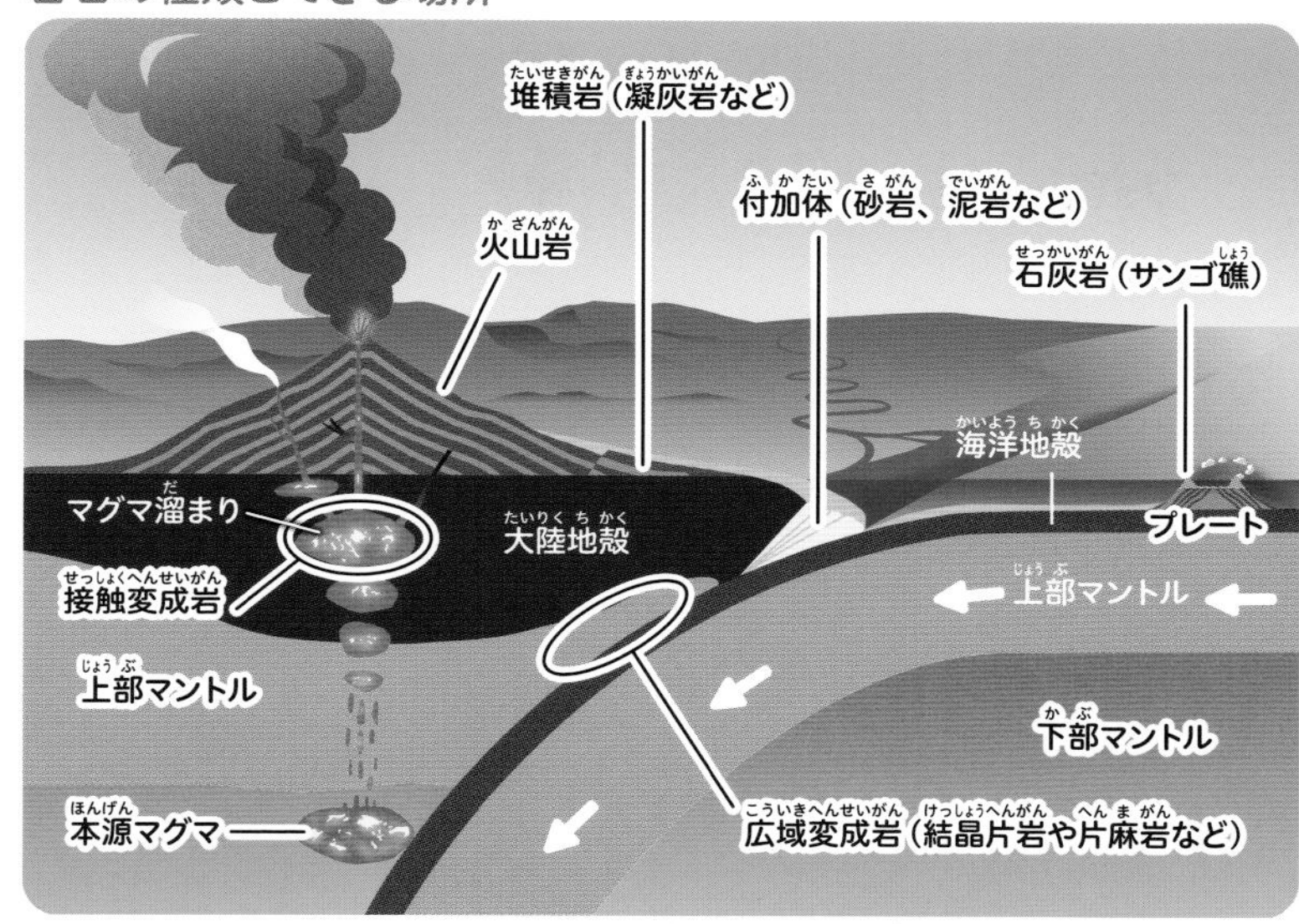

⬆地球上のすべての岩石は、もともとマグマが冷えて固まった火成岩でした。その後、とても長い時間をかけて、川の河口付近など低いところにたまった堆積岩、地下の深いところに運ばれたことで圧力や熱の影響を受けて変成岩になるなど、さまざまな岩石が生まれていました。

⬆愛知県新城市の鳳来寺山は、山全体が流紋岩質マグマの松脂岩でできていて、かつてそこに火山があったことを教えてくれます。

➡石狩川が流れる北海道の神居古潭渓谷一帯では、緑泥石片岩という広域変成岩が観察できます。

地球の豆知識

堆積岩は小さな石の粒が集まったものです。高い山に降った雨水が岩にしみ込んで凍ると、水の体積が大きくなり硬い岩石は砕けます。このときの力で表面から砕かれて小さな石の粒や土、粘土になっていくことを風化作用といいます。

33 地層のしましま模様は地球が重ねた長い時間のしわ

崖や海岸、川岸などで**地面の断面に色が違う層**が積み重なって、しま模様になっているのを見ることがあります。このしま模様を**地層**といって、地層が観察できる場所を**露頭**といいます。

侵食された地表の岩石は、水の流れによって砂、泥、れきなどの土砂として川の下流へと運ばれていきます。海の底には、土砂が積み重なって長い年月のうちに固まっていきます。地層の色がしま模様なのは、その地層が堆積した時代によって、積もった土砂の種類や粒の大きさが違っているからです。

砂が固まった岩石を**砂岩**、泥が固まった岩石を**泥岩**、れきが固まった岩石を**れき岩**、火山灰が固まった岩石を**凝灰岩**といいます。また、放散虫という大昔の生物の死骸が固まった岩石を**チャート**、サンゴや貝などの死骸が固まった岩石を**石灰岩**といいます。

地層は海底に堆積してできますが、プレートの運動による地殻変動や火山活動・地震により、海面に対して地面が上昇（隆起）して、陸地になることがあります。地層をつくっている岩石を観察し、大地がどのようにしてできたかを考えてみましょう。

⬇宮崎県宮崎市の青島の周りに見られる「鬼の洗濯板」といわれる地層。これは砂岩と泥岩が海底で交互に積もったあとに隆起して、その後、波によってやわらかい泥岩が、より削りとられてできました。

地層の例

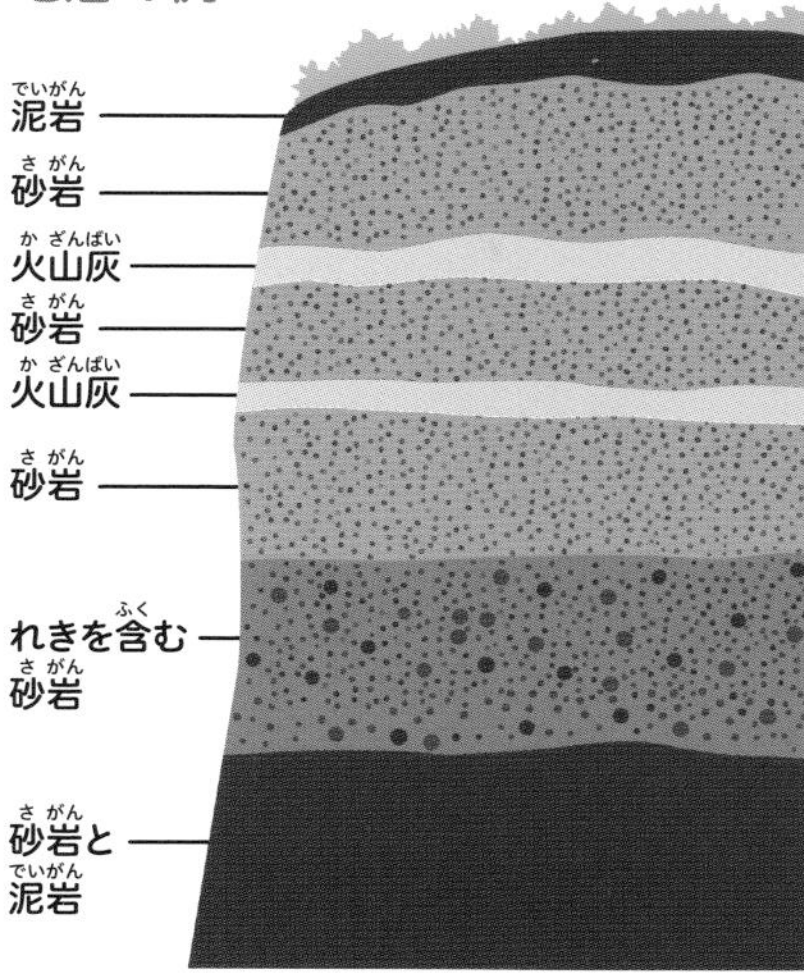

⬆地層は一般的に、下から上へ順に積み重なっていきます。そのため一番下がもっとも古い地層となります。含まれている化石などを調べることで、その地層の昔から今に至る歴史を学ぶことができます。

⬆千葉県の銚子市から旭市にかけた海岸に10㎞ほど続く崖、屛風ケ浦。崖は、海の波によって垂直に削られています。下から、白っぽい灰色、明るい茶色、赤っぽい茶色（関東ローム層）と地層の違いが色でわかります。上にいくほど新しい地層で、灰色と茶色は海で堆積した地層、上の赤茶色は火山灰が積もった地層です。

地球の豆知識

地球の大地は、岩石や土壌（岩石がくずれて土になったもの）、地層でできています。この岩石や土壌、地層などの性質や状態のことをすべてひっくるめて地質といいます。地質をくわしく調べることで、地球の歴史がわかります。

34 世界のすごい山脈を生み出した地層をぐにゃぐにゃにする褶曲

海の底には、川の流れによって運ばれてきた土砂、海の生物の死骸、火山灰などが溜まっていきます。これを堆積物といって、下にある堆積物は、上に積み重なってきた堆積物の重みによって、徐々に押し固められていきます。そして、長い時間をかけて固い**堆積岩**になります。

地層が堆積してまだ固まりきらないうちに、横から押し縮める力がはたらくと、地層が波形に盛り上がったり、沈み込んだり、傾いたりすることがあります。

このように、水平に堆積した地層が、波形に曲がることを**褶曲**といいます。また、地層が波のように盛り上がった部分を**背斜**、沈んだ部分を**向斜**と呼びます。

プレートの運動によって、大陸プレートと海洋プレートが衝突し、海洋プレートが大陸プレートの下にもぐり込む場所では、横からの力によって大規模な褶曲が起こり、盛り上がった部分が山脈になります。

このようにしてできた山脈を**褶曲山脈**といいます。アルプス山脈、ヒマラヤ山脈、アンデス山脈、ロッキー山脈などは、プレートの衝突によってできた褶曲山脈です。

和歌山県すさみ町にある、フェニックス褶曲と呼ばれる折れ曲がった地層。地層は全体として上下逆さまで、海洋プレート（94ページ）が沈み込むときに、陸側に押しつけられました。

褶曲のでき方

⬇水平に堆積した地層が、地下で強い圧力を受けたとき、その力によって波のように曲がりくねった地層となります。この構造を褶曲といって、盛り上がった部分を背斜、凹んだ部分を向斜と呼びます。

平らにできた地層を
曲げる力が
地球にはあるんだ！

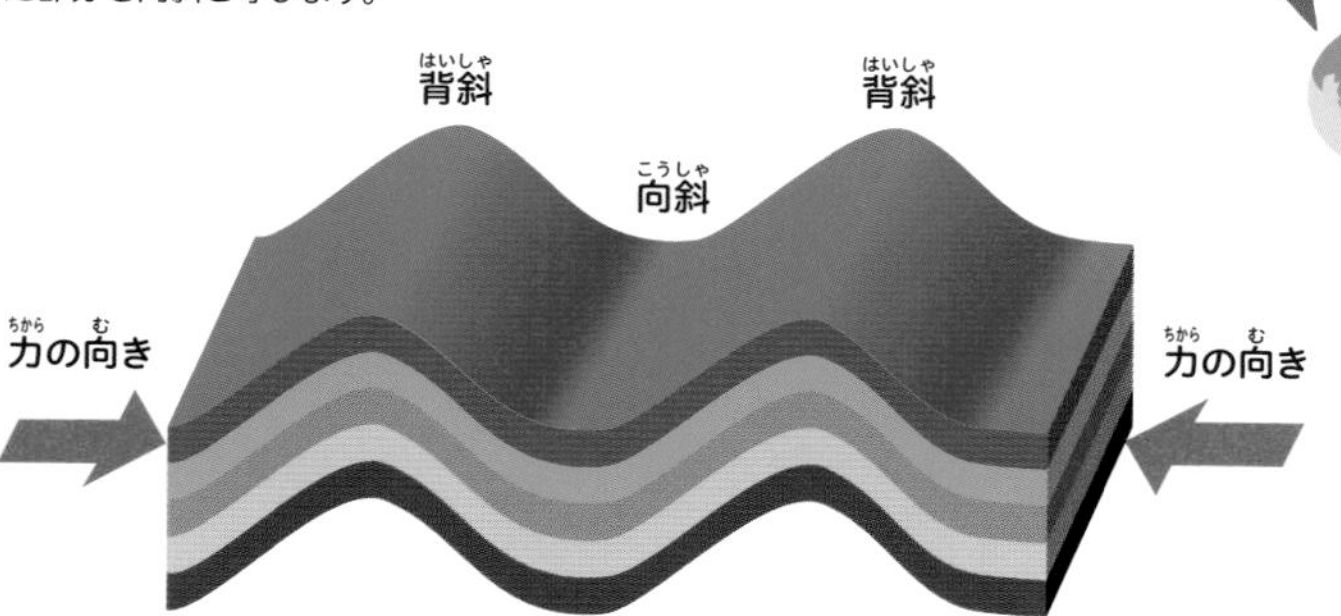

地球の豆知識

海の底などで、地層が続けて堆積していったときの地層と地層の関係を整合といいます。侵食された地層が海に沈んで、再び新しい地層が堆積すると地層の年代が連続しなくなります。こうした地層の関係を不整合といいます。

35 まるで大事件の現場!? 地層がずれる断層の正体

地層に大きな力がはたらいて、曲がるのではなく岩盤が割れ、左右や上下にずれたものを**断層**といいます。そして、断層で岩盤がずれて、地層が食い違っている面を**断層面**といい、断層面より上に乗っているものを上盤、断層面の下のほうを下盤と呼びます。地震など地殻変動がたくさん起こる日本では、断層は褶曲とともによく見られます。断層面を境として、両側の岩盤が上下方向に動くものを**縦ずれ断層**といい、縦ずれ断層には**正断層**と**逆断層**があります。

正断層は、地層や岩盤に**両側から引っ張る力**がはたらいてずれたときにできる断層です。断層面を境にして片方の岩盤（上盤）がずり落ちて断層面が現れます。

逆断層は、地層や岩盤に**両側から押す力**がはたらいて、地層がずれたときにできる断層です。断層面を境にして、片方の地面（上盤）が上へのしあがります。

岩盤が断層面を境にして、水平に動いてできる断層を**横ずれ断層**といいます。横ずれ断層で、片方の岩盤から見てもう片方が右に動く場合を**右横ずれ断層**、左に動く場合を**左横ずれ断層**といいます。

断層の種類とでき方

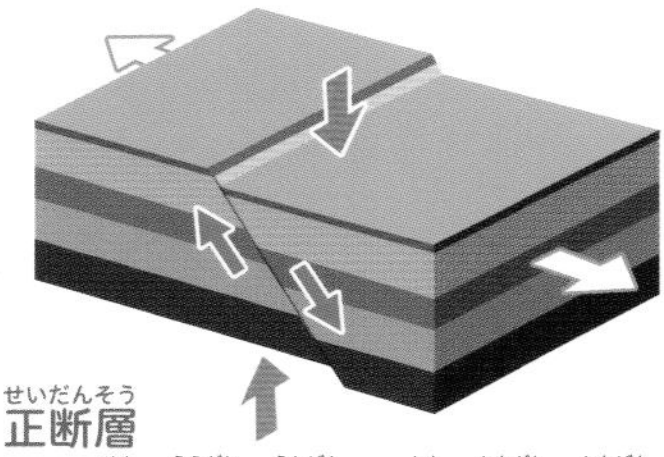

正断層

ずれた面の上側（上盤）が下、下側（下盤）が上にずれた断層で、横方向へ広がるように岩盤が動きます。

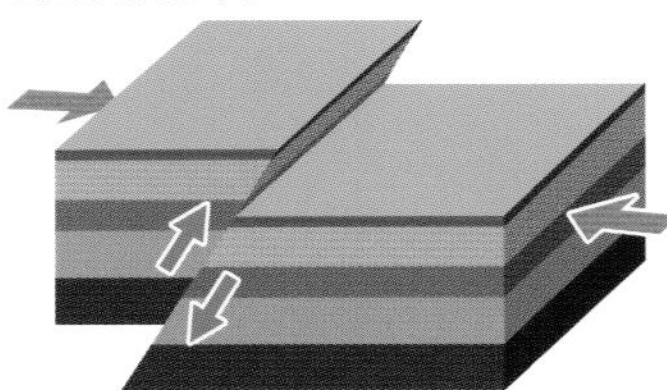

逆断層

ずれた面の上側（上盤）が上、下側（下盤）が下にずれた断層で、岩盤は横方向に縮むように動きます。断面をなぞるとアルファベットのＺ字（逆Ｚ字）になります。

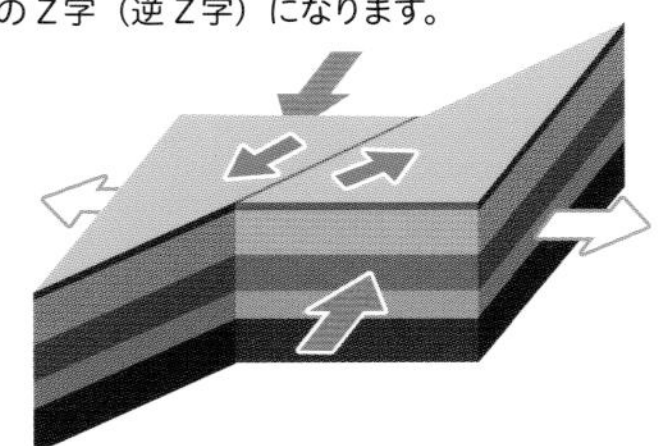

横ずれ断層

岩盤が横方向にずれる断層で、断面の向こう側に岩盤が右にずれる右横ずれ断層、左にずれる左横ずれ断層とがあります。

⬆城ヶ島（神奈川県三浦市）に見られる地層です。縦に２ｍずれた正断層で、左横に５ｍほどずれた大きな横ずれ断層でもあります。写っているふたりは、ずれる前には同じ場所に立っていたことになります。

⬆こちらも城ヶ島（神奈川県三浦市）の南東側に見られる逆断層です。左右からの力に押されてできたもので、同じ地層の境目を指でたどるとアルファベットのＺ字（またはその逆）になります。

断層は
地層に強い力が
加わってできるよ！

地球の豆知識

ここ数十万年のうちに何度もずれて大きな地震を引き起こし、将来も動くと考えられている地表に現れた断層を活断層といいます。日本では数千もの活断層がありますが、まだ見つかっていない活断層も多くあると考えられています。

36 地層に埋まった化石には超貴重な情報がいっぱい！

地層は下から上へと順に堆積するので、下にある地層のほうが上にある地層より古いものになります。これを**地層累重の法則**といいます。

また、同じ種類の化石は、同じ時代に堆積した地層に含まれています。もし化石を発見すれば、それが地層の年代を知る手がかりになります。

化石とは、大昔の動物や植物の遺骸や生きていたときの痕跡が土砂に埋もれ、長い年月のうちに鉱物などに置きかわって石になったものです。化石を調べれば、地層が堆積した時代、生物のようす、環境を知ることができます。化石の多くは生きものの骨や殻など、微生物に分解されにくい硬い部分です。

また、化石は**体化石、生痕化石、化学化石**の3つの種類に分けられます。

体化石は、**恐竜の骨やアンモナイトの殻**など、生物の体全体や体の一部が化石として残ったものです。生痕化石は、**生きものの足跡やフン、巣穴**など、その生きものがどんな暮らしをしていたかがわかる化石です。化学化石は、化石に保存されていた**たんぱく質などの有機物質**を指します。

化石ができるまで

①

⬆死んだ生きもの（魚）が水の底へと沈みます。

②

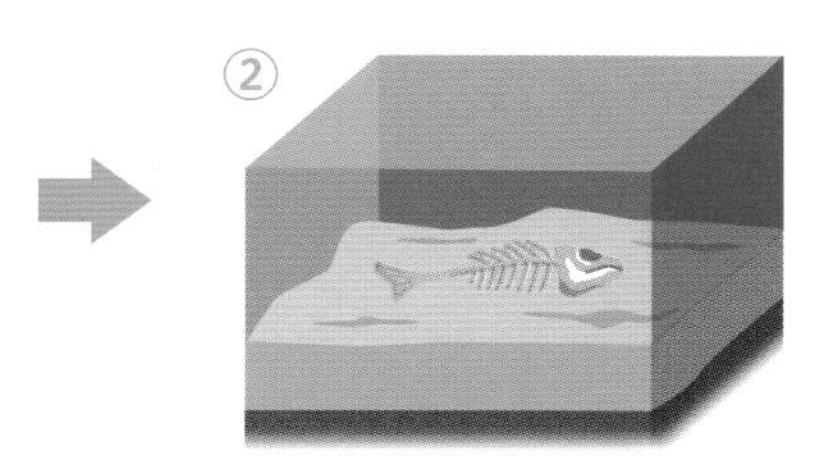

⬆肉などのやわらかい部分が、ほかの動物に食べられるか細菌（バクテリア）によって分解されます。

③

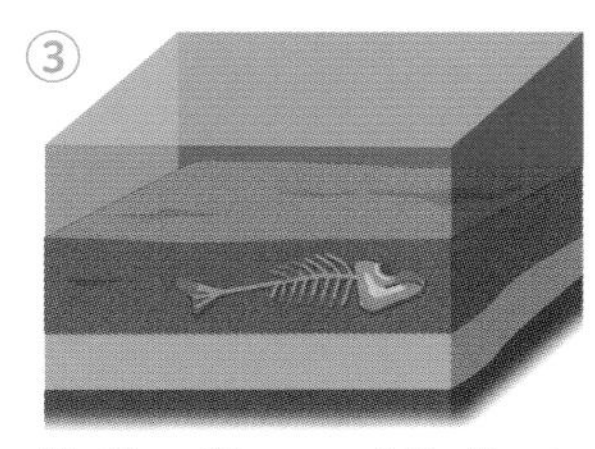

⬆水の流れが運んできた土砂や泥に埋もれて地層のなかへ閉じ込められると、長い時間をかけて、骨の成分が地層に含まれる鉱物の成分に置きかわって石になります。

④

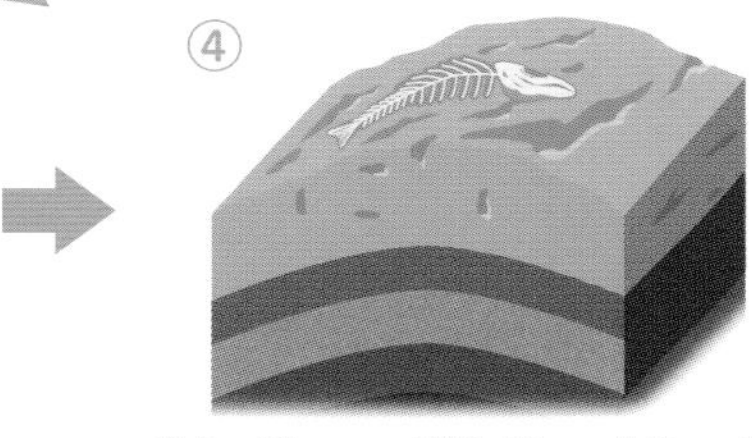

⬆大地が動くことで陸上に現れた地層が、雨や風に削られることで、埋もれていた化石が現れます。

⬆岩の上に見える細長い線のようなものは、約1000万年前、海底に生きていた貝類やゴカイなどがつくった巣穴の跡が化石（生痕化石）になったもの（神奈川県三浦市の城ケ島）。

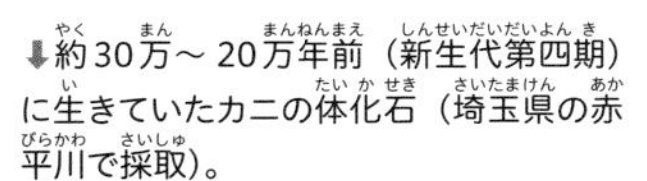

⬇約30万～20万年前（新生代第四期）に生きていたカニの体化石（埼玉県の赤平川で採取）。

宮城県南三陸町の約2億4800万年前の地層から、世界最古（2022年時点）のベレムナイト化石が見つかりました。ベレムナイトは白亜紀末に絶滅した海の生物で、知られていた時代より約1000万年も古い時代のものです。

37

地球の昔の姿や進化の歴史はどのようにしてわかったの？

地球の自然の歴史は、その地層が堆積した時代の情報を調べることで知ることができます。地層の年代を調べる手がかりのひとつは**化石**です。

化石ができた時代の環境を知る手がかりになるのが**示相化石**です。たとえばサンゴの化石は、化石のあった地層が温かくて浅い、きれいな海で堆積したことがわかります。

地層が堆積した時代がいつかを知る手がかりになるのが**示準化石**です。絶滅していて、生きていた期間が短く、広い範囲に多く生息していた生物がこれに当たります。

地中の放射性元素を調べて年代を知ることもできます。**ウラン238**という物質は、放射線を出しながら鉛に変わっていきます。ウラン238の半分が鉛に変わるのに必要な期間は**約45億年**なので、鉱物のなかのウランと鉛の量を正確に測れば、鉱物ができてから何年経ったかがわかるのです。

火成岩や堆積岩は、その岩石ができた時代の**地磁気を記録**していることがあります。これを**残留磁気**といい、そのときのN極とS極の方向がわかるので、地層を比べたり、陸地の移動を知ることができます。

⬇三葉虫は古生代の示準化石です。写真はデボン紀のクロタロセファルス・ギブスという種です。

⬆新生代第三紀の始新世から中新世にかけた示準化石、ビカリアという巻貝の一種。この写真は、瑞浪市（岐阜県）で採取された化石で「月のおさがり」と呼ばれています。

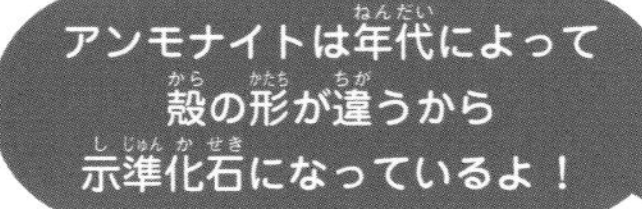

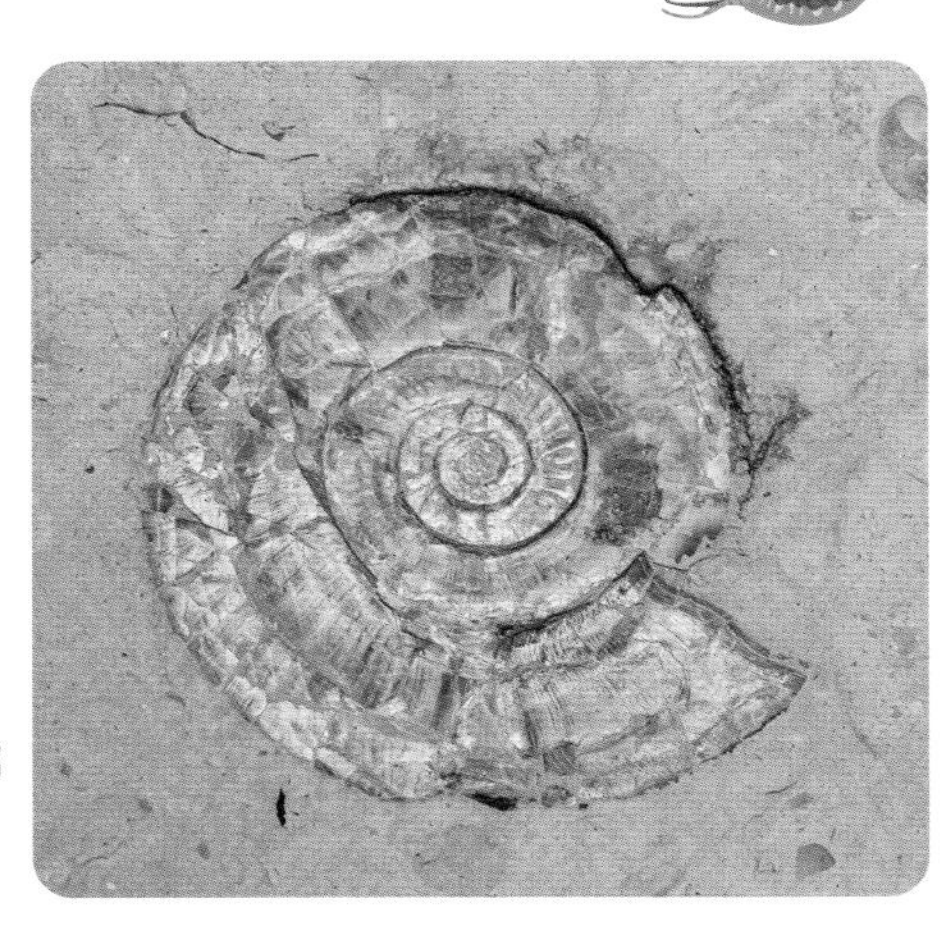

➡古生代デボン紀から中生代にかけた示準化石、アンモナイトの一種。

多くの放射性物質は、放射線を出しながら放射線を出さない物質に変化します。もとの放射線物質が半分になる時間を半減期といって、それは放射性物質によって違い、炭素14は5700年、プルトニウム239は2.4万年です。

38 アフリカと南米がひとつだった？ウェゲナーの大陸移動説

1910年代、ドイツの気象学者**アルフレート・ウェゲナー**は、南アメリカ大陸の西海岸線とアフリカ大陸の東海岸線の形が似ていることに気づきました。

さらにウェゲナーは、両方の大陸の**地質の共通点**、どちらの大陸からも**リストロサウルス、キノグナトゥス、メソサウルスという生物や、グロッソプテリスという植物の化石**が見つかること、**大昔の氷河の分布**などから、「大西洋で隔てられたふたつの大陸は、ひとつの巨大な大陸が割れて移動したものではないか」と考えました。

そしてウェゲナーは、1915年に**大陸移動説**を発表しました。この説のなかでウェゲナーは、現在離ればなれになっているすべての大陸は、ひとつの巨大な大陸だったとして、その大陸を**パンゲア**（ギリシャ語で「すべての陸地」という意味）と名づけました。

しかし、このときウェゲナーは大陸がどのようにして動いたのかを説明できませんでした。そのため大陸移動説は受け入れられませんでしたが、現在では大陸移動説は、**プレートテクトニクス**（90ページ）の原点として評価されています。

ウェゲナーが考えた大陸の移動

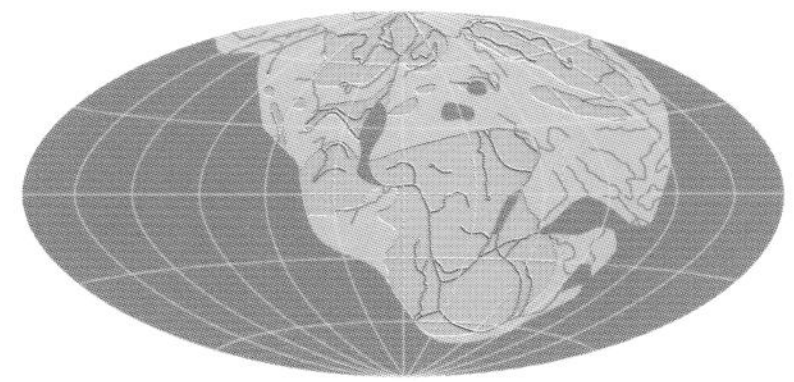

約３億年前「超大陸パンゲア」の時代

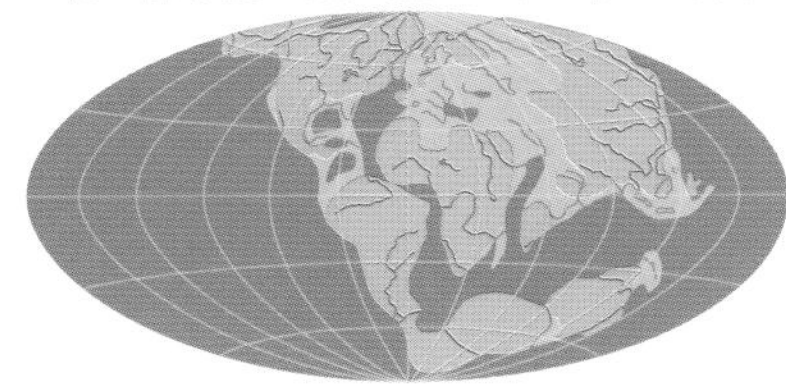

約5000万年前「ローラシア大陸とゴンドワナ大陸」の時代

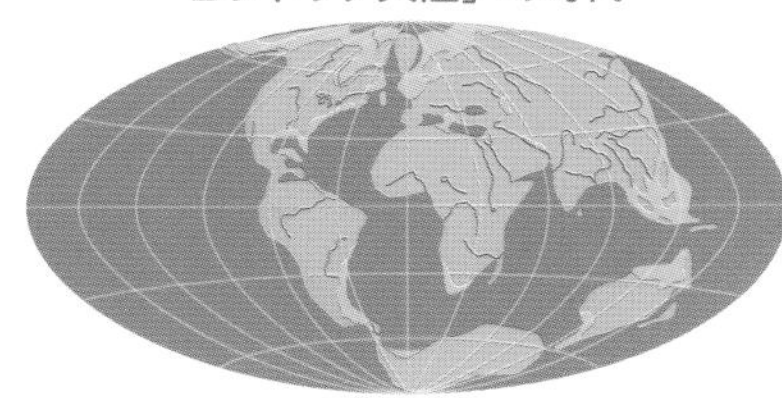

約150万年前「現在の形へ」

⬆約３億年前の地球には、ひとつの超大陸パンゲアがありました。それがやがて南北に分かれて、北側のローラシア大陸、南側のゴンドワナ大陸に。さらに２大陸は分裂と移動を続けて、約150万年前には現在の海と陸との関係ができあがりました。オレンジ色は陸地、薄い水色は浅い海、濃い水色は深い海を示しています。

3つの図は、アルフレート・ウェゲナー『大陸と海洋の起源』（第4版、1929 年）を元に作成しています。

アルフレート・ウェゲナー

⬇舌のような形をした葉が特徴的な、裸子植物グロッソプテリスの化石。

⬇ウェゲナーが、アフリカ大陸と南アメリカ大陸が地続きだった証拠のひとつとした爬虫類、メソサウルスの化石。写真の標本の体長は約30㎝です。

地球の豆知識

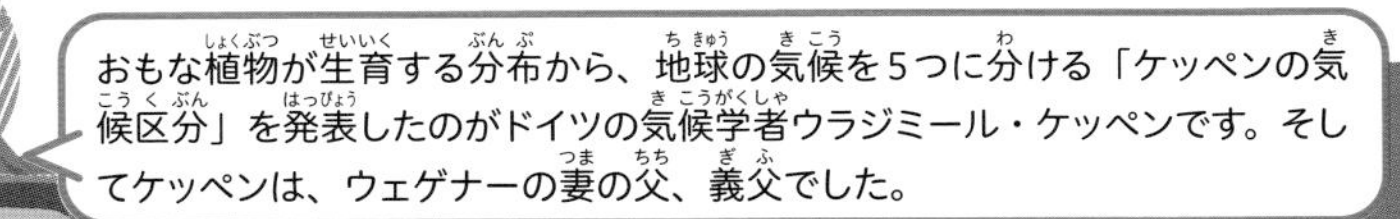

おもな植物が生育する分布から、地球の気候を５つに分ける「ケッペンの気候区分」を発表したのがドイツの気候学者ウラジミール・ケッペンです。そしてケッペンは、ウェゲナーの妻の父、義父でした。

39
陸地も海の底も薄い板の上 プレートに乗って動いている！

日本列島近くのプレート

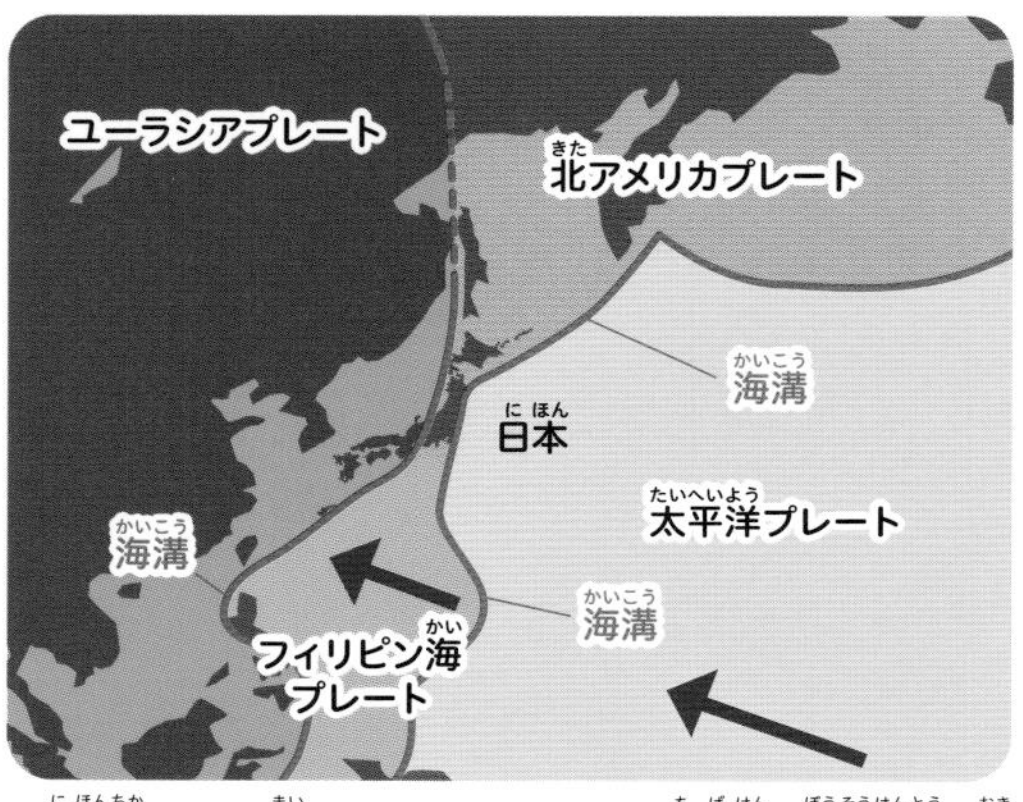

⬆日本近くには４枚のプレートがあります。千葉県の房総半島の沖合では、太平洋、フィリピン海、北アメリカの３枚が交差していて、その場所をプレート三重点といいます。

地球の表面は、十数枚に分かれた硬い岩の板で覆われています。この岩の板を**プレート**といいます。プレートの**厚さは50〜100km**ほどで、地殻と温度が低くて硬いマントルでできています。プレートの下には、高温でやわらかいマントルの層があって、プレートはこの層の上を長い時間をかけて動いていきます。このプレートの動きを調べることで、大陸の移動や、火山活動や地震などの原因を解明しようとする考えを**プレートテクトニクス**といいます。

プレートには、厚さ5〜10kmの**海洋プレー**

世界のおもなプレート

[凡例] ……収束する境界(沈み込み帯)
……拡大する境界(海嶺)
……すれ違う境界
……不明瞭なプレート境界

⬆今の地球には十数枚のプレートがあります。やわらかいマントルの上を滑るようにして動く、硬い板のような岩石がプレートです。とても大きな海底山脈、東太平洋海嶺で太平洋プレートなどが生まれています。

トと、大陸も含んで乗せている**大陸プレート**があります。海洋プレートは**玄武岩**という重い火山岩、大陸プレートは**花こう岩**などの軽い深成岩でできています。そのため大陸プレートと海洋プレートがぶつかると、重い海洋プレートが軽い大陸プレートの下に沈み込んでいきます。大陸プレート同士がぶつかると、押し合って山脈ができます。

海嶺といわれる海底火山の山脈では、高温の熱が上昇してきて、岩石は溶けてマグマがつくられます。マグマは海底火山から噴き出して、冷えると玄武岩になります。この玄武岩が海の底の地殻をつくります。

また、流れ出した玄武岩が冷えていくときに、含まれている鉄が**地磁気**によって磁石の性質をもつようになります。そのため、海底にある玄武岩を調べれば、過去の地球の**磁場の変化**を知ることができます。

地球の豆知識

ハワイ諸島が乗っている太平洋プレートは、1年に10㎝ほど北西に移動しています。そのためハワイ諸島は、だんだんと日本に近づいていて、このままだと数千万年後には、日本のすぐそばまでやってくるかもしれません。

40 次々と火山の島ができるホットスポットって？

地球上には、マントルの深いところから、熱が細い柱のように上昇する**ホットプルーム**（プルームとは「もくもくと上がる煙」という意味）によって、地殻やマントルの岩石が溶けて大量のマグマがつくられる場所があります。

地殻を貫いているこの場所は、プレートが移動しても変わりません。このような場所を**ホットスポット**といいます。

溶岩が噴き出した地表には火山ができます。そして、プレートの運動によって火山が動いていくことで**火山の列**ができていきます。ハワイ島やマウイ島、オアフ島などからなる**ハワイ諸島**は、ホットスポット火山と呼ばれ、ホットスポットから噴き出した溶岩によってつくられた火山島です。

ハワイ諸島が乗っている太平洋プレートは、**北西方向へ1年に約10㎝ずつ移動**しているため、ハワイ諸島から北西方向には、**ミッドウェー諸島**と呼ばれる島々や**海底に天皇海山列**がつくられています。

これらの島や海山は、ハワイ諸島から遠いものほど、古い時代に活動していた火山であることがわかっています。

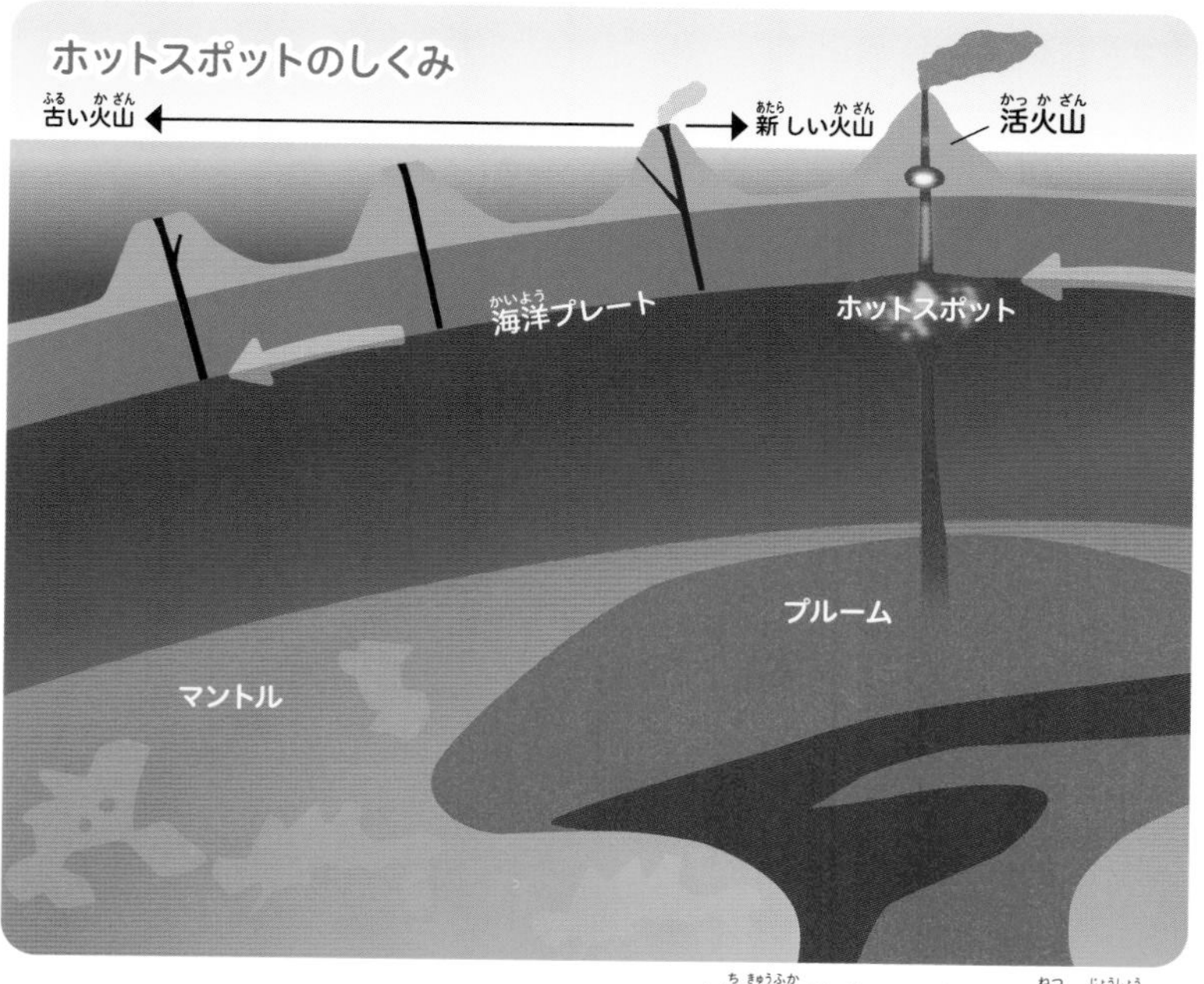

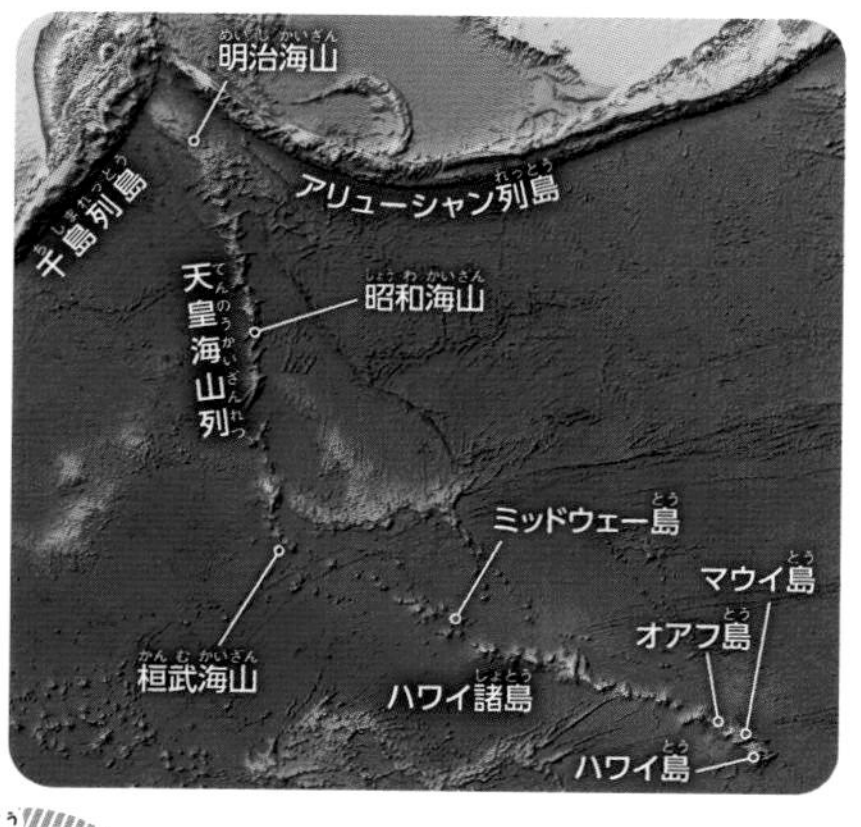

⬆地球深くにあるマントルから熱が上昇してくるホットプルームによって、大量のマグマがつくられます。マグマはマグマ溜まりをつくりながら上昇し、溶岩を噴き出して火山島をつくります。このマグマを噴き上げる場所をホットスポットといって、プレートがその上を通りながら移動していくため、プレート上には火山の列がつくられていきます。

天皇海山列とハワイ諸島

⬅天皇海山列とハワイ諸島はどれも、現在のハワイ島の下にあるホットスポットで生まれた火山です。太平洋プレートの移動方向が変わったことで、2本の列になっています。

©NOAA

天皇海山列は、ハワイ諸島の北西、北西太平洋を南北に延びている海山の連なりです。天皇海山列は途中で大きく曲がっていますが、一番北西にある明治海山は、約7000万年前にホットスポットでつくられた火山です。

41 海のプレートが生まれてから沈み込むまでのはるかな旅

海

海洋プレートが生まれているのは、**中央海嶺**という海底にある大火山山脈です。海嶺では、高温でやわらかいマントルがアセノスフェア（地球内部の上部マントルにある、高温でやわらかい層）から上昇してきてその一部が溶け、マグマになります。海底から噴き出した溶岩は、急に冷やされて**玄武岩の新しい海洋底地殻とプレート**になり、海嶺の両側に広がっていきます。

東太平洋の中央海嶺で生まれた地殻は、数億年もの時間をかけて日本列島の近くまでくると、**海溝**という海底の谷から、大陸プレートの下に沈み込んでいきます。このような場所を**沈み込み帯**といいます。

海溝から深く沈み込んでいくと、プレートからしみ出た水によって、溶けやすくなったマントルからマグマが生まれます。その後、マグマは上昇していき、マグマ溜まりに蓄えられたあと、地上に噴き出すと**火山噴火**になります。

プレートが沈み込むとき、海洋地殻の上に乗った土砂や地殻の一部は、大陸プレートの下に沈み込めずに、大陸側に押しつけられます。これを**付加体**といいます。

海洋プレートの動き方

海嶺と呼ばれる海底火山で海洋地殻は生まれます。この海洋地殻と非常に硬い上部マントル（リソスフェア）からなるプレートは、海嶺の両側を移動して、やがて沈み込み帯（海溝）と呼ばれる場所で大陸プレートの下へ沈み込んでいきます。

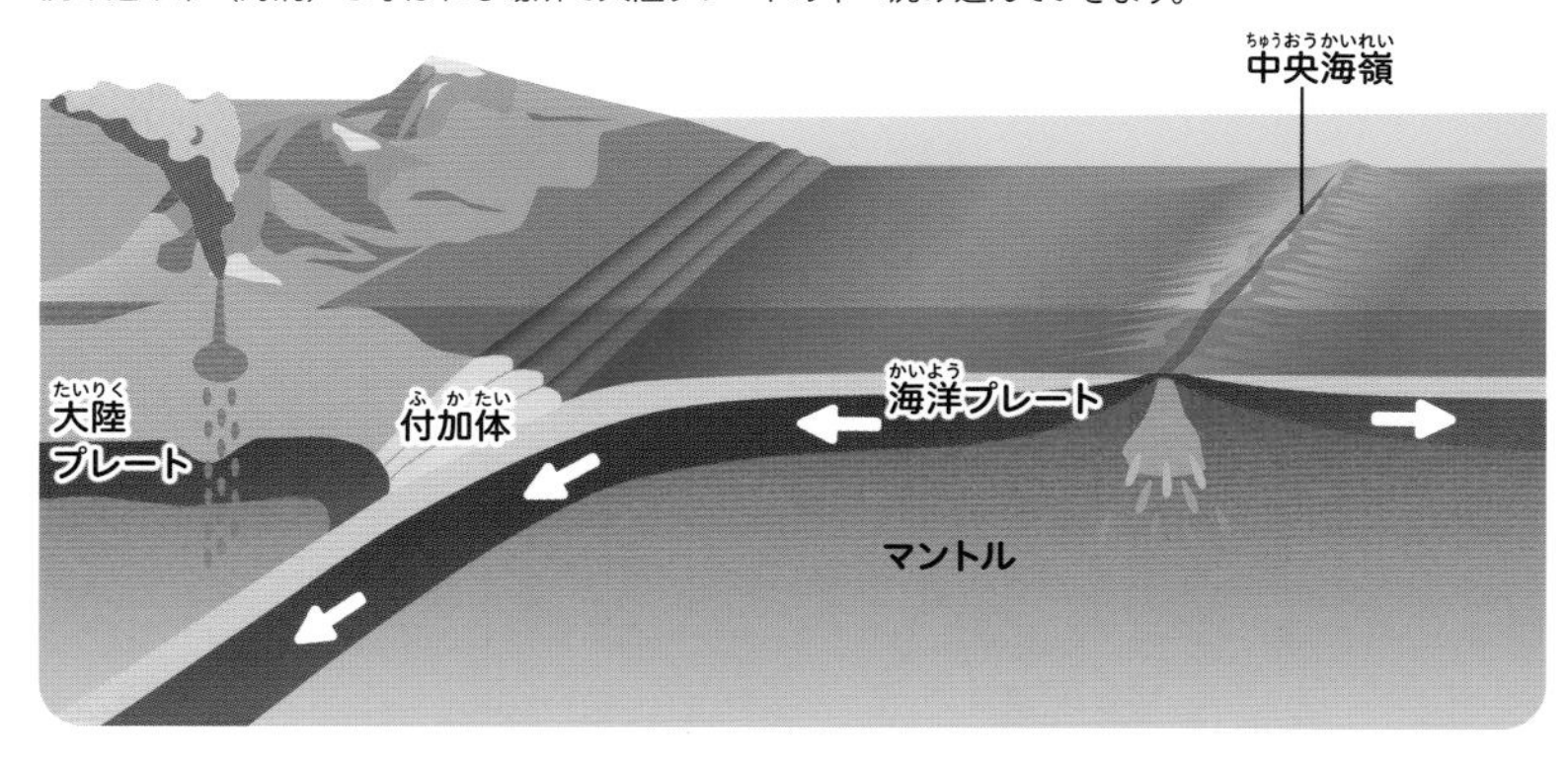

付加体ができていくしくみ

海洋地殻が大陸プレートの下へ沈み込むとき、海洋地殻の一部がはぎとられて大陸側に押しつけられ、付加していきます。新しい付加体は古い付加体にもぐり込むように、断層をつくりながら積み重なっていきます。

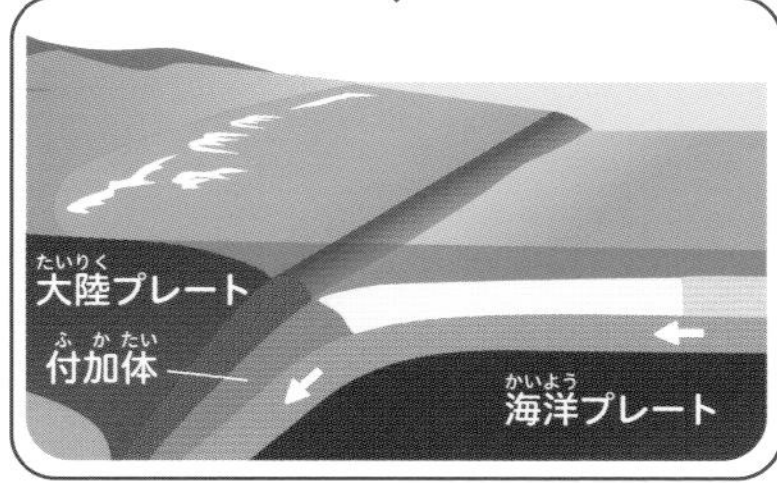

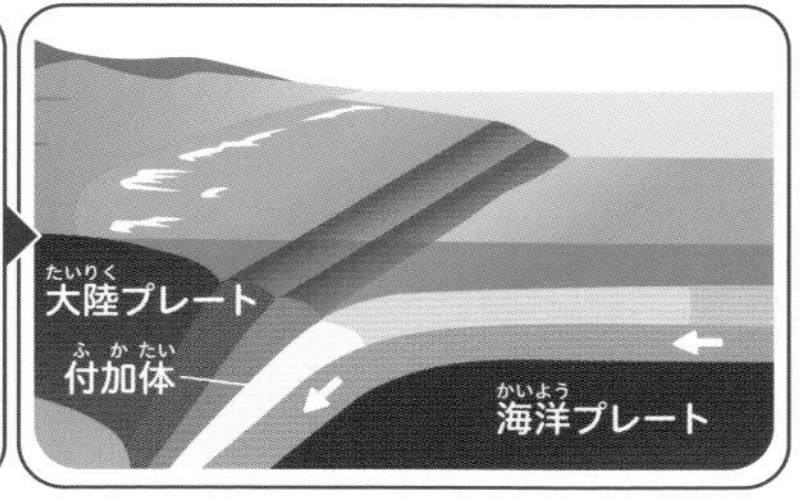

日本の南東方向にあるマリアナ海溝は、太平洋プレートがフィリピン海プレートの下に沈み込んでいる海溝です。もっとも深い場所はチャレンジャー海淵と呼ばれ、深さは何と約1万920m。世界で一番深い海の底です。

42 地震が多い場所と火山はプレートの境目に集中している

プレートとプレートがぶつかる場所などでは、岩石や岩盤に大きな力がかかっています。そのエネルギーに岩石や岩盤が耐えられなくなると、岩石や岩盤が割れて地面が振動します。これが**地震**です。地球上で地震が多く起こる場所は限られています。

地震が起きた地下の場所を**震源**といいますが、おもな震源は、プレートとプレートが接する**プレート境界**に沿って、線をつくって並んでいます。

日本が**世界有数の地震国**になっているのは、日本列島の近くに**太平洋プレート、フィ**

世界の地震の震源地分布

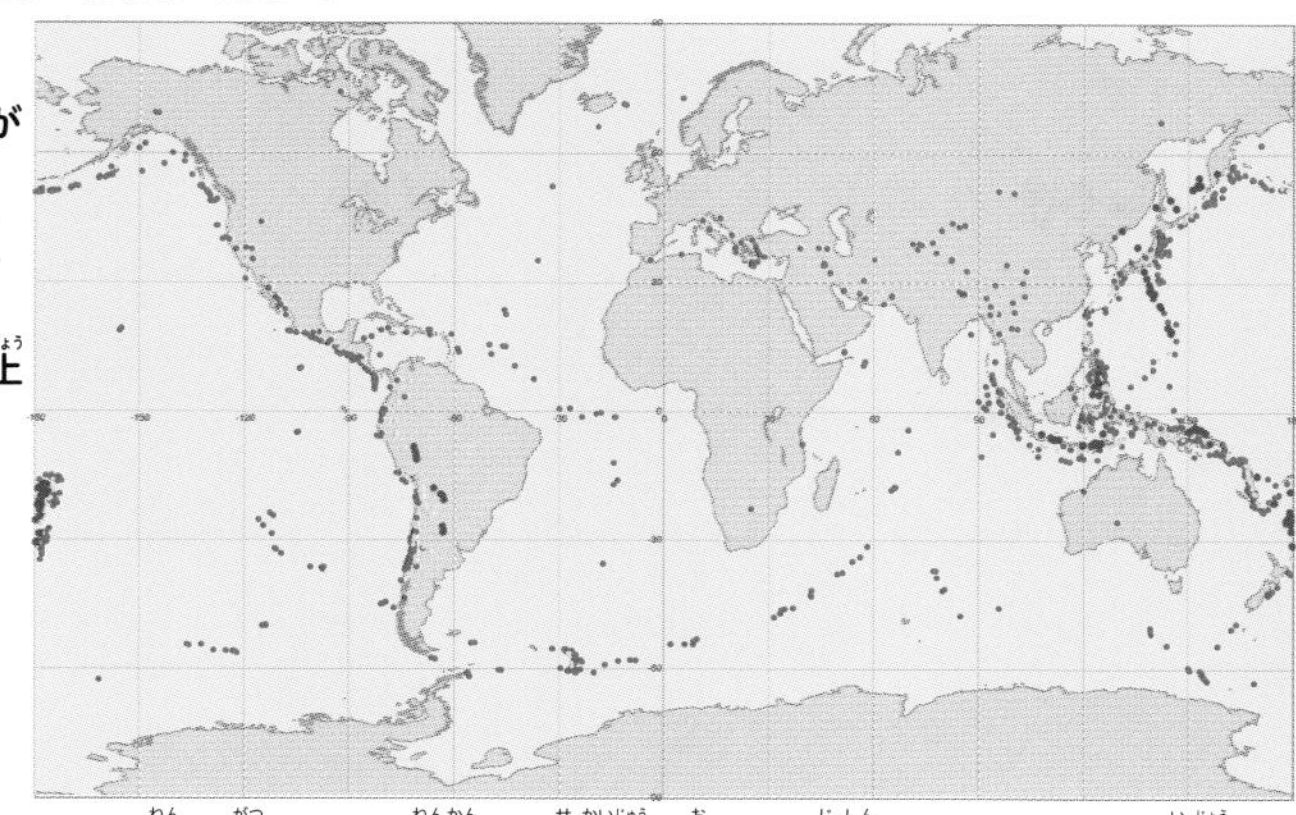

⬆2012年1月から2021年12月までの10年間に、世界中で起こった地震（マグニチュード5以上）の震源地を点で示しています。色の違いは「震源の深さ」の違いです。震源地が、プレート境界（91ページ）に集中しているのがわかります。この図は、アメリカ地質調査所（USGS）のデータを元に作成しました。

リピン海プレート、ユーラシアプレート、北アメリカプレートという4枚のプレートがあるためです。

また、太平洋を取り囲むように、海洋プレートが大陸プレートの下に沈み込んでいる海溝（沈み込み帯といいます）の近くでも地震が多く発生しています。

さらに、海溝に沿うようにして、内陸側には**火山フロント**（帯状に並んだ火山の列）が形成されています。このような火山帯は、太平洋をぐるっと取り囲むように分布していることから、**環太平洋火山帯**と呼ばれていて、世界の活火山の約8割が含まれています。

日本列島は、環太平洋火山帯の西の端で、太平洋プレートの沈み込み帯に平行して東日本火山帯、フィリピン海プレートの沈み込みに平行して西日本火山帯という火山フロントができています。

地球の豆知識

日本には111の活火山があります。それは、日本列島の中央部を境にして、北海道から東北地方、伊豆・小笠原列島に続く東日本火山帯と、西日本の日本海側から九州の中央部、さらに南西諸島へ続く西日本火山帯に分けられます。

43 地中深くからやってくる！マグマを噴き出す噴火のしくみ

マントルは、非常に高い圧力によって**高温の固体**の状態がふつうですが、圧力や温度の変化で**ドロドロに溶けたマグマ**ができ、地表に向かって上昇していきます。マグマは地下の浅いところまでくると、周りの圧力が下がって、マグマ内の火山ガスが泡になって地上に噴き出します。この**ガスや火山灰、溶岩などが地表から噴き出す**のが噴火です。

噴火の種類には、アイスランド式、ハワイ式、ストロンボリ式、ブルカノ式、プリニー式など火山や地名による分け方や、火山噴出物の特徴による分け方があります。

世界には数多くの火山がありますが、火山ができやすい場所は、おもにプレートの**沈み込み帯**近く、**ホットスポット**、プレートが生まれる**海嶺**の3つです。

沈み込み帯の地中深くではマグマができやすく、それが上昇して火山が生まれます。

ホットスポットでは、地下の深いところから高温のプルームが細い柱のように上がってきて、マグマがつくられ火山ができます。

海嶺では、プレートが両側に広がっていくので、その間を埋めるようにマグマがつくられます。

沈み込み帯でマグマができるしくみ

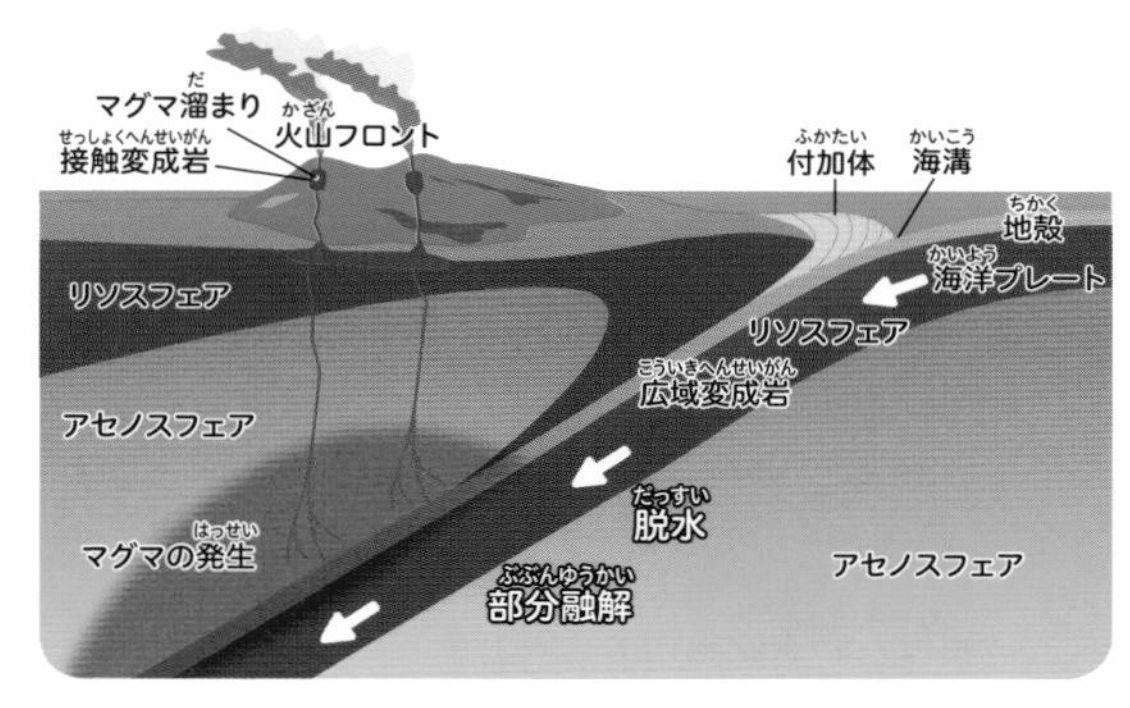

⬅沈み込む海洋プレートは水を含んでいて、深さ50㎞くらいになると、熱と圧力の影響でその水がしぼり出されていきます。これがマントルが溶ける温度を下げます。そして、地下深くの圧力や温度の条件がそろうと、岩石の一部が溶けてマグマができます。できたマグマが上昇し、地表からガスや火山灰、溶岩などが出るのが噴火です。

おもな火山の形

溶岩ドーム

粘り気が強いマグマの火山では、火口に溶岩ドームがつくられます。圧力がかかると溶岩ドームが割れて火砕流とともに巨大噴火します。

⬆2023年4月14日に撮影された、噴火する小笠原諸島の西之島のようす。

楯状火山

粘り気が小さいマグマが噴火して、大量の溶岩が流れ出てくることでできる、なだらかな丘のような形をした火山です。

成層火山

やや粘り気が強い溶岩や爆発的な噴火を起こしたときに噴き出た火山灰が、交互に積み重なるようにして大きな円錐形となった火山です。

火山が噴火すると溶岩が溶岩流になって流れ出します。火山から噴き出した高温のガスが、火山灰や火山岩などを巻き上げて高速で流れてくるのが火砕流です。溶岩流は時速数㎞ですが、火砕流は時速100㎞を超えることもあります。

44

プレートや断層が原因に？ 地震が起こるメカニズム

地震がよく起こるのは**プレート境界**で、それは大きく分けて**発散境界、収束境界、すれ違い境界**の3つがあります。

発散境界は、プレート同士が離れていく境目で、ここにできる海底火山の山脈を**海嶺**、大陸が分裂してできる地形を**地溝帯**といいます。ここで起こる地震の震源は、あまり深くないという特徴があります。

収束境界は、海洋プレートが大陸プレートの下へもぐり込む沈み込み帯で、**海溝やトラフ**と呼ばれる深い海底の地形がつくられています。ここではプレートの沈み込みに巻き込まれた大陸プレートの先端が、耐えきれなくなって跳ね返り、数10年～数百年の間隔で大きな地震が起こります。このような地震を**海溝型地震**といいます。

また、プレート同士の衝突で起こったひずみは、プレート境界から離れた浅いところでも岩盤を破壊して地震を起こします。このような地震を**内陸型地震**といいます。

すれ違い境界は、プレート同士が横にずれてすれ違う場所で、横ずれ断層のひとつである**トランスフォーム断層**がつくられて、たびたび大地震が起こります。

⬆空から見た、アメリカのカリフォルニア州にあるサンアンドレアス断層。太平洋プレートと北アメリカプレートの境界で、プレートのすれ違いによって横ずれを起こすトランスフォーム断層と呼ばれる断層です。何本もの断層がプレートに沿うように走っていて、その距離は1000㎞を超えます。これまでに何度も大地震を起こしてきた断層です。

©Science Photo Library/ アフロ

長さが1000㎞を超えるものすごい断層もあるよ！

プレート境界で地震が起こるしくみ

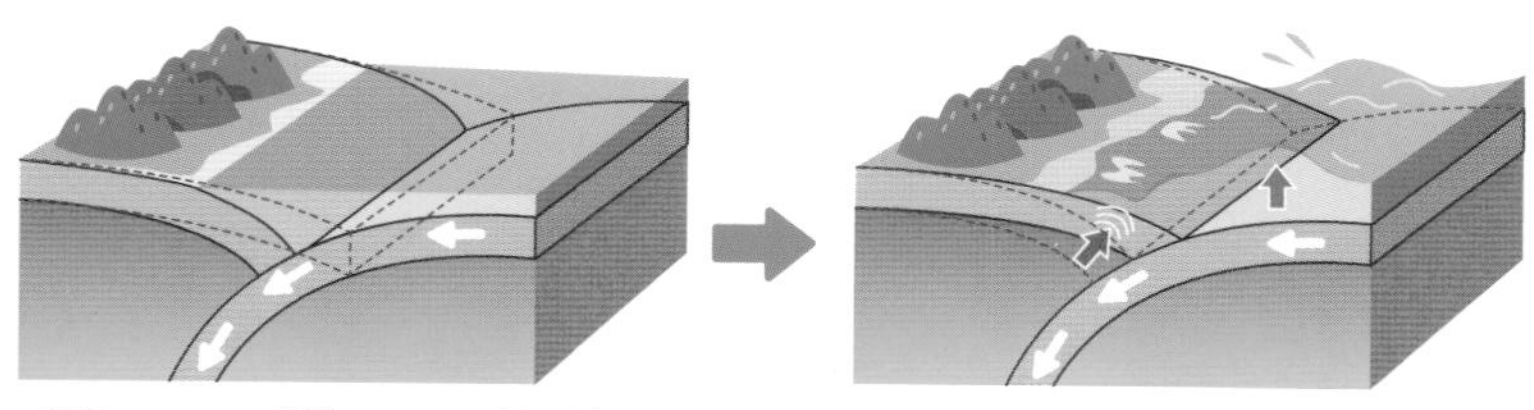

⬆海洋プレートは大陸プレートの下へ沈み込んでいきますが、そのときに大陸プレートの先端部分が引きずり込まれていきます。すると、ひずみのエネルギーという力の元がどんどん蓄えられていきます。蓄えられる限度を迎えると、バネが戻るようにしてプレートが跳ね上がって地震を引き起こします。大地震のときには津波をともなう場合もあります。

地球の豆知識

世界には、あまり地震が起こらないところがあって、地震空白域と呼ばれています。イギリスやフランス、ドイツ、オーストラリア、カナダなどは地震が少ない国です。日本でも、富山県などが地震の少ない県とされています。

45 見えないはずの地球の中身がどうしてわかったの？

土を掘ることはできても、その深さには限界があり、地球の中心部を直接見ることはできません。そこで、地球の中身をくわしく知るために、**地震波**を計測しています。地震波とは、岩盤がずれ動いて地震が起きたとき、地面や地下のなかを伝わっていく震動のことです。

地震は世界各地で起こり、巨大な地震の地震波は地球の反対側まで届きます。地震波の速さは、地下の物質の種類や密度、温度などによって変わるので、地震波を調べれば、地球内部の地殻、マントル、核の境界や物質の違いがわかるのです。

地震波には、**P波とS波**があります。P波は、地震波が進む方向に伸び縮みする波で**縦波**ともいいます。S波は、地震波の進む方向に直角に揺れる波で**横波**ともいいます。地面を大きく揺らすのはS波です。

P波は、固体でも液体でも伝わっていきます。しかし、S波は岩石のずれが伝わる波のため、液体のなかを伝わることはできません。地球内部では、S波がマントルと外核の境界から内側へは伝わらないことから、**外核が液体**であることがわかったのです。

S波とP波の伝わり方

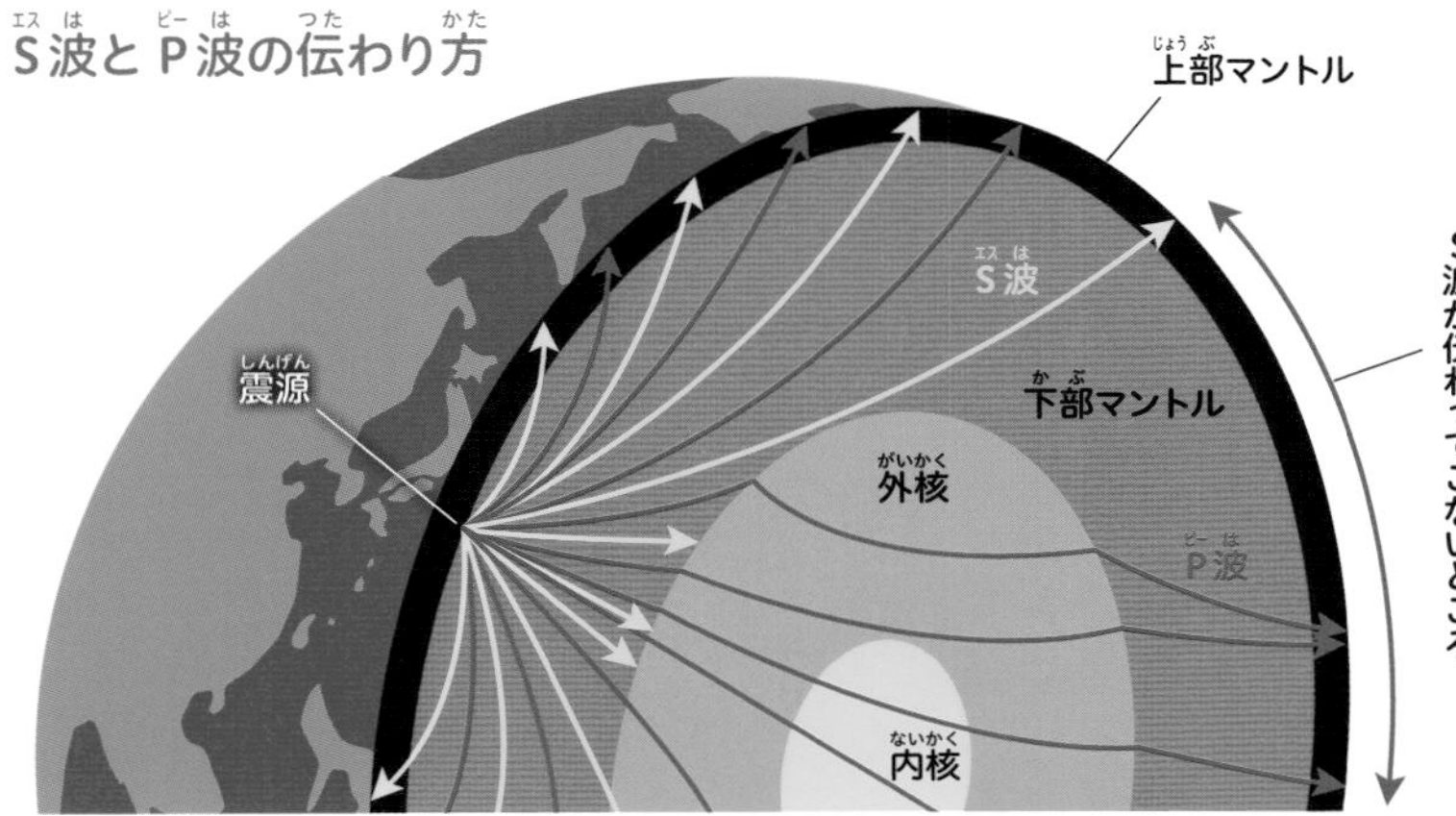

⬆地震が起こると、揺れは地震波という「波」となって伝わります。地震波には、地殻などの固体は伝わるのに液体のなかを伝わらないS波、固体・液体関係なく伝わるP波があります。実際、液体の外核をS波は通れません。

地震のときの振動の伝わり方が大ヒント！

地殻の構造はどうなっているの？

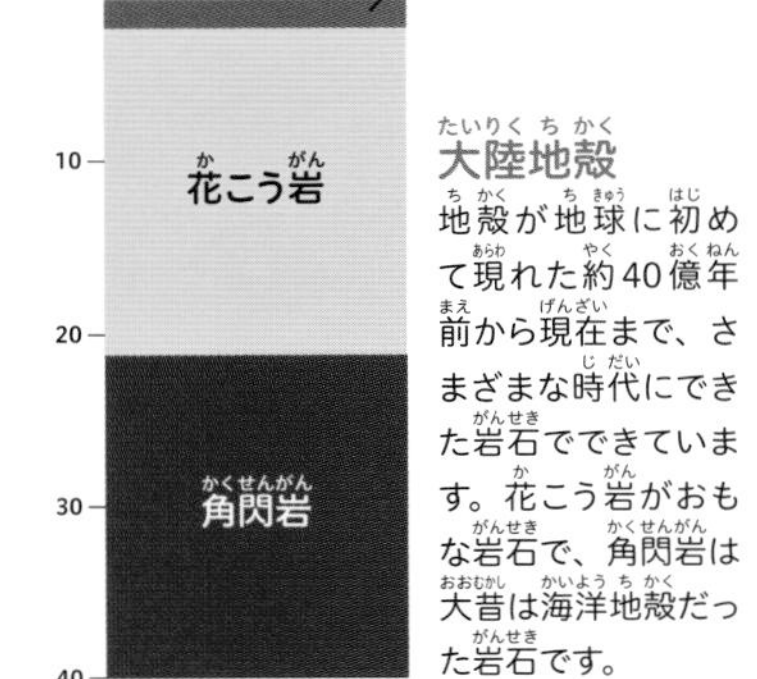

大陸地殻

地殻が地球に初めて現れた約40億年前から現在まで、さまざまな時代にできた岩石でできています。花こう岩がおもな岩石で、角閃岩は大昔は海洋地殻だった岩石です。

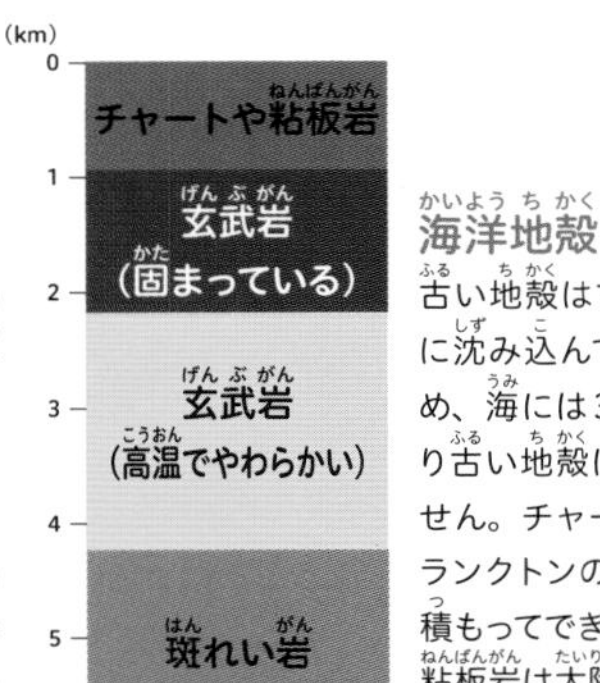

海洋地殻

古い地殻はマントルに沈み込んでいくため、海には3億年より古い地殻はありません。チャートはプランクトンの死骸が積もってできた岩石、粘板岩は大陸の粘土でできた岩石です。

地球の豆知識

震度は、ある場所の地震の揺れの大きさを表しています。マグニチュードは、地震そのもののエネルギーのレベルを表しています。マグニチュードが1大きくなるとエネルギーは約32倍、さらに1大きくなると約1000倍にもなります。

地球内部の熱で大陸が動く!? プルームテクトニクスって?

高温の核と低温の上部マントルという温度差から、下部マントルでは**対流**という流れができています。この対流を**プルーム**と呼び、プルームを元に地球内部のさまざまな変動を説明しようとする考え方を**プルームテクトニクス**といいます。

地震波の観測から、海溝で沈み込んだプレートの先端部（スラブ）が上部マントルと下部マントルのあいだに溜まっていることがわかりました。プレートが沈み込むと、密度の大きな岩石に変わっていきます。重く冷たくなったスラブは、やがてプレートから切れて下部マントルを下降していきます。周りよりも温度が低い物質が下降してできる熱の流れを**コールドプルーム**といいます。これと入れ替わるようにしてできた、高温の物質の上昇流を**ホットプルーム**といいます。

巨大な上昇流の**スーパーホットプルーム**が発生し、地表にマグマが現れると火山活動が活発になります。また、沈み込んだ物質が落下して巨大な下降流である**スーパーコールドプルーム**ができると、陸地はこの下降流に引っ張られて、すべての大陸がひとつに集まった超大陸が生まれます。

地球内部をぐるぐると動く熱や物質

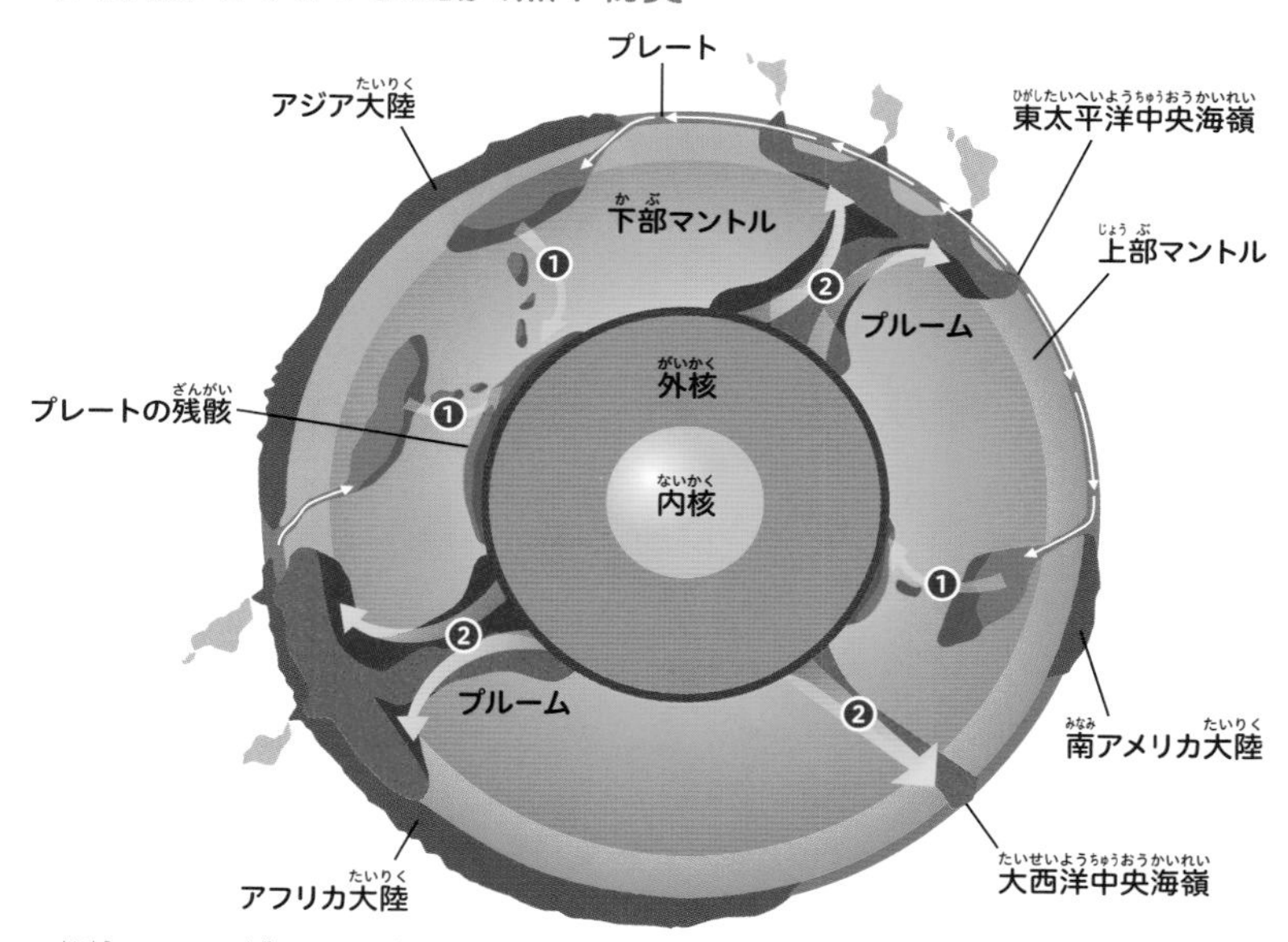

⬆海洋プレートが沈み込むと上部マントルと下部マントルのあいだに溜まって、その後、下部マントルの底（外核との境目）まで落ちていきます。これを❶コールドプルームといいます。それとは反対に、下部マントルの底から熱いマントルが上昇していきますが、これを❷ホットプルームといいます。このように、プレートの動きとマントルの動きは連動していて地球内部を大きく循環しているのです。

超大陸アメイジアの想像図

⬅プレートの動きによって、約2億5000万年後までには地球の北半球にできると考えられている新しい超大陸、アメイジアの想像図です。

地球の豆知識

アジア大陸の地下には、スーパーコールドプルームがあります。そのためユーラシア、南北アメリカ、オーストラリアの4大陸が集まってきていて、約2億5000万年後にはアメイジアという超大陸ができると考えられています。

教えて高橋先生！

コラム

もっと知りたい

地球のミステリー No.3

海にあるはずの中央海嶺が陸に？ 北欧アイスランドのギャオ

マントルからマグマが湧き上がってきて、海洋プレートがつくられる海底の山脈を海嶺といいます。大西洋の北にある島国アイスランドでは、海底にあるはずの海嶺が、陸に姿を現したすごい姿を見ることができます。

大西洋には、大西洋中央部を南北に連なる「大西洋中央海嶺」があります。これは、アイスランド島の北の北極海から島の真ん中を通り、大西洋の中央をカーブを描きながら南極大陸近くまで延びています。海嶺からは、東へユーラシアプレート、西へ北アメリカプレートが生まれています。アイスランド島は地中から大量のマグマが供給されたために、海嶺の上にありながら島となりました。この偶然から、地上で海嶺を見ることができるのです。海嶺にできた割れ目をアイスランド語で「ギャオ」といって、大きなもので幅数km、小さなもので幅数m、総延長が数十kmにもなります。プレート境界であるギャオを境目に、アイスランドの国土は今も1年に数cmずつ、東西に広がり続けています。アイスランドは、海嶺の激しい活動を地上で見られる地球上でも唯一の場所なのです。

大規模なギャオを目の当たりにできるのが、アイスランドの首都レイキャビクから北東へ約50kmのところにある世界遺産、シンクヴェトリル国立公園です。ここでは、東にユーラシアプレート、西に北アメリカプレートが広がるプレート境界で、大地が裂けるときにできた断層の崖を見ることができます。

➡海底火山の山脈（中央海嶺）が地上に出ているアイスランドのギャオ。

Part4

地球がくれた自然の宝物

ダイヤモンドやサファイアなど
美しい宝石、
価値の高い金や銀、銅のほか、
鉄・石炭・石油・ガスといった
人の暮らしに役立つものたち。
地球がつくってくれた
資源の不思議を見ていきましょう。

鉱物ってなんだろう？岩石との違いは？

岩石をじっくり見てみると、さまざまな色の粒が集まってできているのがわかります。たとえば、深成岩の一種で、ビルの壁や床、墓石など、石材によく利用される**花こう岩**を観察すると、透明や白い粒、ピンク色の粒、黒っぽい色の粒が見えます。これらひとつひとつが**鉱物**で、粒の大きさがだいたい同じです。これを**等粒状組織**といいます。

花こう岩の場合は、**灰色で透明な粒は石英、白は斜長石、ピンク色の粒はカリ長石、黒っぽい色の粒は黒雲母**というように、それぞれ異なる鉱物からできています。これら、ひとつひとつの鉱物は、原子が規則正しく配列してできた**結晶体**として現れたものなので、どこを切っても同じ性質なのが特徴です。深成岩の斑れい岩は、角閃石、輝石、かんらん石、斜長石などの鉱物でできています。

鉱物のなかには、長い時間をかけて、大きく整った形をした結晶に成長するものもあります。かつて愛媛県西条市の市ノ川鉱山でとれた**輝安鉱**は、約1mにもなる柱状の巨大な結晶で、美しい銀白色の輝きをもつことで知られています。イギリスの大英博物館など、世界の博物館で展示されています。

⬆花こう岩は、火成岩のなかでも深成岩の一種で、地下深くにあったマグマがゆっくりと時間をかけて固まったものです。おもに石英、カリ長石、斜長石、黒雲母からできており、それぞれの粒のサイズはだいたいそろっているのが特徴です。

⬅木曽川の侵食によってできた「寝覚めの床」は、長野県木曽郡上松町にある景勝地です。割れ目の入った花こう岩が、大きな箱を並べたように並んでいます。

地球の豆知識

絹雲母（セリサイト）は、表面が絹糸のような光沢をもつことからその名がつきました。緻密で不純物の少ない白い鉱物で、すべすべした肌触りがすることから、化粧に用いられるファンデーションの原料に利用されています。

生まれた月に記念の宝石？ きらきら輝く誕生石たち

古くから、美しく輝く**宝石**は、人々をとりこにしてきました。宝石とは、**鉱物**のなかでもとくに色や光沢が美しく、身につけていても頑丈で、めずらしいものを指します。その多くは、ダイヤモンドやルビー、サファイアなどのように、**ひとつの結晶（単結晶）**からできています。

単結晶の宝石は、結晶を構成する原子・分子が規則的に並んでいるため、透明感のある輝きをもつのが特徴です。そのほかに、ラピスラズリやメノウ、マラカイトのように、小さな結晶がたくさん集まって塊になった（多結晶）宝石もあります。

宝石のなかには、**誕生石**と呼ばれるものがあります。1月から12月まで、それぞれ異なる宝石が当てはめられており、身につけていると幸せが訪れると信じられています。その起源は古く、紀元前の『旧約聖書』の時代にあるとされますが、20世紀に入ってから、アメリカの宝飾品協会が現在の基礎となる12種類を選定しました。日本ではそれをベースにしながら、日本の国石とされる**ヒスイ**のほか、生物由来の**真珠やサンゴ**が加わるなど、日本独自の宝石も選ばれています。

誕生石

⬆誕生石は、月によって複数定められている場合があります。上の写真以外に、2月はクリソベリル、キャッツ・アイ、3月はサンゴ、ブラッドストーン、アイオライト、4月はモルガナイト、5月はヒスイ、6月はムーンストーン、アレキサンドライト、7月はスフェーン、8月はサードオニックス、スピネル、9月はクンツァイト、10月はトルマリン、11月はシトリン、12月はラピスラズリ、タンザナイト、ジルコンがあります。

地球の豆知識

ほとんどの宝石は鉱物からできていますが、生きもの由来の宝石もあります。たとえば、真珠は二枚貝のアコヤガイに異物が入り込んでできたもの、サンゴは海に生息するサンゴ虫の骨格、琥珀は樹脂が地中で固まったものです。

美しい金・銀・銅はマグマと熱い地下水でできた？

オリンピックのメダルにも使われる**金・銀・銅**は、紀元前から利用されてきた金属で、価値あるものとして、美しい細工がほどこされるだけでなく、貨幣などにも用いられてきました。

なぜ古代の人々が利用できたかというと、金・銀・銅は、まれに金属のそのままの状態で見つかるためです。それぞれ**自然金、自然銀、自然銅**と呼ばれます。山や谷で、ピカピカに輝く美しい石を偶然発見したのが、始まりだったかもしれません。

また、金・銀・銅などを多く含む鉱石が、一カ所に集まって現れることが多いのも、古くから利用されてきた要因のひとつとされています。ではどうして、これらの鉱石が集まっているのでしょうか？　それは、地中の**マグマによって熱せられた高温の地下水（熱水）**が地下に染み込むときに、マグマに含まれる金や銀、銅などの元素を周りの岩石に溶かし込み、沈殿することがあるからです。この熱水が地層の割れ目などに入り込んで冷えたり、圧力が下がったりすることで成分が結晶となり、**金や銀、銅を高濃度に含む鉱石**になるのです。

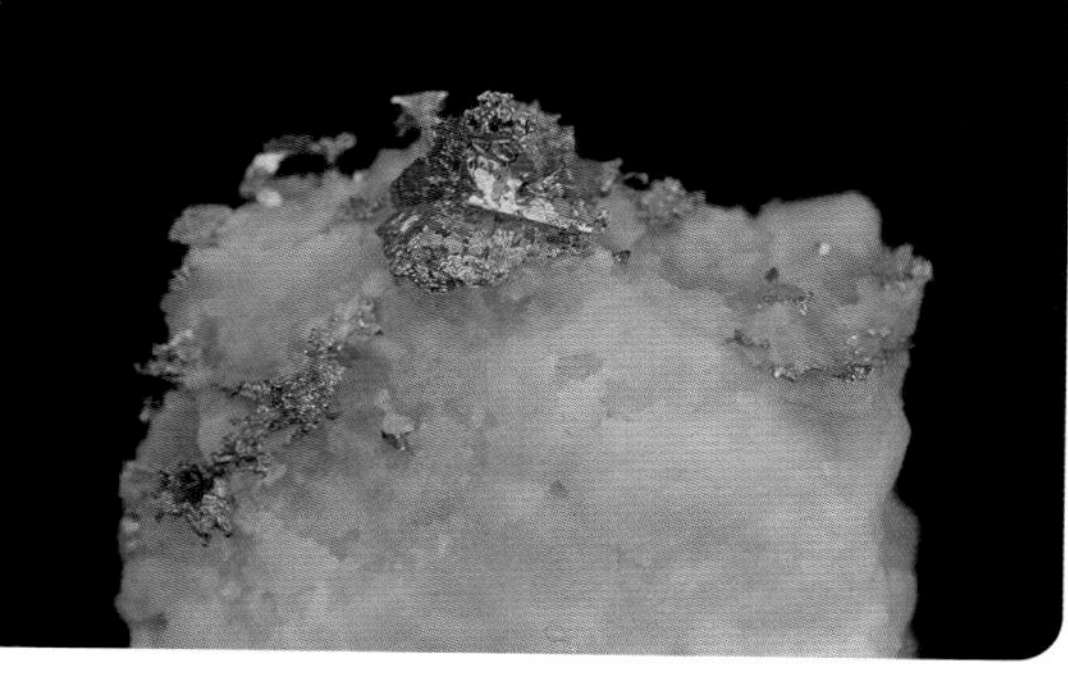

⬅石英のなかにできた自然金。糸状のものや木の枝のような形のほか、塊状（ナゲット）で産出することもあります。また、風化して金だけが砂金となって、川や海に堆積していることもあります。

©AGE FOTOSTOCK ／アフロ

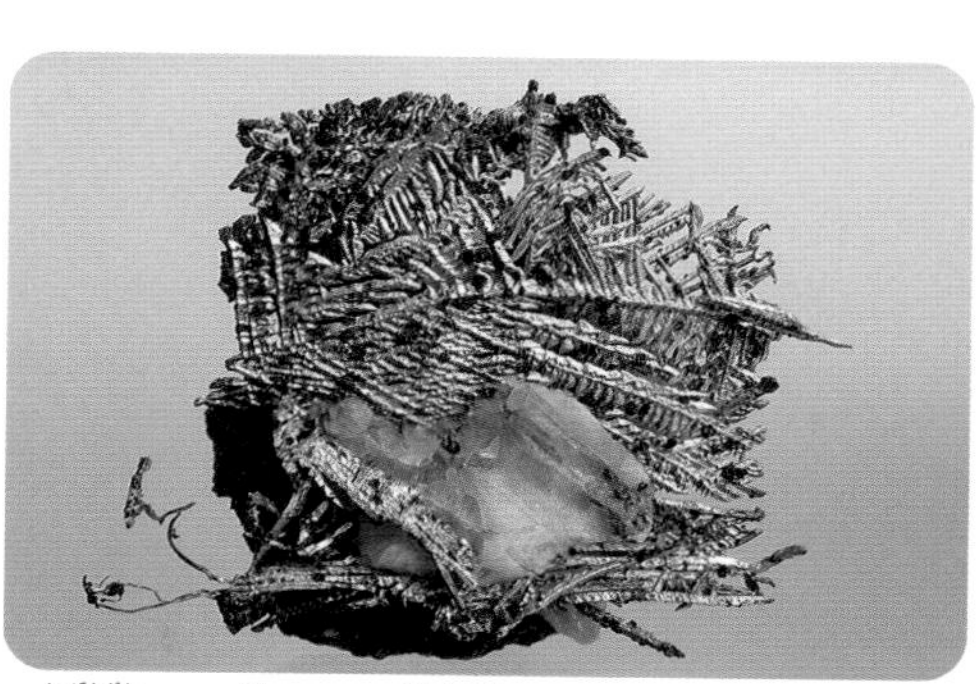

⬆自然銀はひげ状、または樹枝状で石英のなかから見つかります。採れたばかりのものは銀白色をしていますが、空気に触れたままだと黒色に変化します。

©AGE FOTOSTOCK ／アフロ

⬆玄武岩や緑泥石片岩のなかにできる自然銅は、掘り出されたばかりのものは赤銅色をしていますが、時間がたつと酸化して褐色や黒色になってしまいます。

©Science Photo Library ／アフロ

鉱物と熱水

➡地中に染み込んだ雨水などが、マグマに熱せられて「熱水」になります。それが周りの岩石の成分を溶かし、冷えたり圧力が下がると、その成分が結晶化して鉱物ができます。

鹿児島県で今も採掘が行われている菱刈鉱山は、質のよい金鉱山として世界的に有名です。通常、1トンの金鉱石に金は3グラム程度しか含まれていませんが、菱刈鉱山では30 ～ 40グラムも含まれています。

50 硬くて美しいダイヤモンドは10億年前の地球深くでできた？

ダイヤモンドは自然にあるもっとも硬い鉱物で、**炭素**という元素だけでできた正八面体の結晶です。ダイヤモンドの美しい宝石は、「宝石の王様」と呼ばれ、色はふつう無色透明ですが、不純物が含まれることで黄色やピンク色のものもあります。

ダイヤモンドは、その多くが約10億年前、**高温で高い圧力がかかる地下150〜250km**という地中深くでできました。それが、火山活動によってマグマが地表に噴き出すとき、地表近くに運ばれたのです。ダイヤモンドの結晶は、おもに**キンバーライト**という火成岩に含まれるため、キンバーライトのある場所で採掘されます。

炭素だけでできた鉱物には**石墨（グラファイト）**もありますが、こちらは見た目は真っ黒で、やわらかく、さわるとぼろぼろとくずれます。鉛筆の芯に使われています。材料は同じ炭素でも、できたときの温度や圧力の違いで、まるで違うものになっているのです。地中深くでできたダイヤモンドは、急激に冷やされながら一気に地表近くまで上がってきたため、奇跡的に石墨にならなかったと考えられています。

⬆正八面体をしたダイヤモンドの結晶。産出量の約20%の質のよいダイヤモンドだけが宝石に加工されて、残りは工業用研磨剤や切削剤に利用されています。

ダイヤモンドと鉛筆の芯は同じものでできているんだよ！

⬅約40年間で2.7トンものダイヤモンドが採掘された、南アフリカのキンバリー鉱山跡にできた「ビックホール」。

地球の豆知識

2007年、愛媛県の四国山地から、日本で初めて天然ダイヤモンドが発見されました。大きさはわずか1000分の1㎜でしたが、これまで日本ではダイヤモンドは産出しないと考えられていたので、大発見となりました。

51 赤いルビーと青いサファイアは同じ鉱物の色違い？

宝石として人気の**赤いルビー**と**青いサファイア**は、じつは同じ鉱物だということを知っていますか？　ルビーとサファイアは、どちらも**コランダムという酸化アルミニウムの鉱物**で、ダイヤモンドに次いで硬い鉱物として知られています。

コランダムが見つかるのは、おもに高温でできた角閃石片岩や片麻岩などの**変成岩**のなかです。マグマが冷える際にさまざまな化学成分が結晶化しますが、長い時間液体の状態でいると、大きな結晶となって現れるのです。コランダムの場合には、六角柱状や紡錘形、粒状の形で岩石に含まれています。

コランダムはもともと無色の鉱物ですが、成分に含まれるアルミニウムの一部が**クロム**という元素に置き換わり、赤く美しい宝石質になったものがルビーです。色が濃いものほど価値が高いとされており、とくに**ミャンマー**で産出する**ピジョンブラッド（鳩の血）**と呼ばれるワインレッドのルビーは最高級品として知られています。

赤色以外の宝石質のコランダムをサファイアといいます。**鉄とチタン**を含んで、青色のものほど価値が高いとされています。

⬅9月の誕生石サファイアは、鉄とチタンを含んでいます。

⬆サファイアの原石。

原石を研磨やカットすることで、美しい宝石になるよ〜

⬇7月の誕生石ルビーは、クロムをわずかに含んでいます。

⬇ベトナムで産出した母岩つきのルビーの原石。

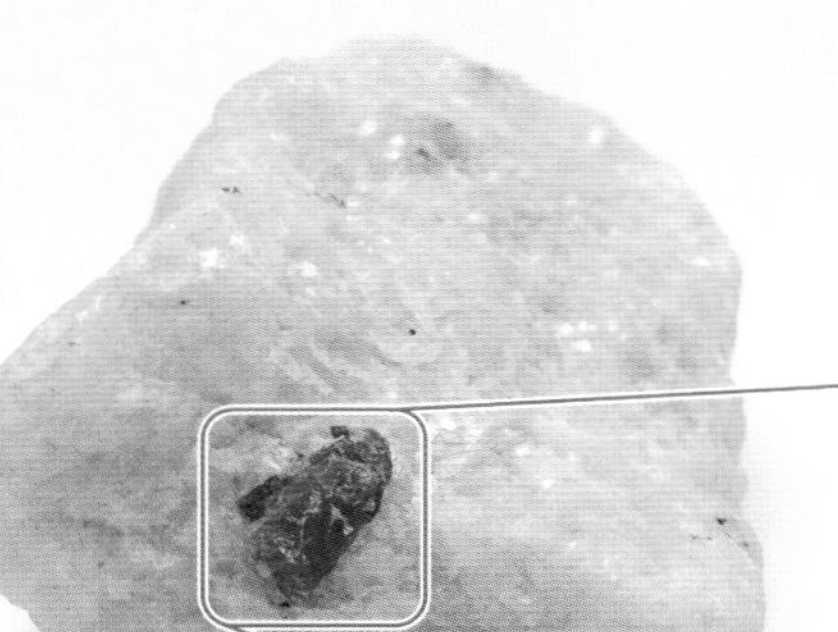

スリランカで産出するピンク色がかったオレンジ色のサファイアは、「パパラチア（蓮の花）」と呼ばれています。産出量が少ないことから、幻の宝石ともいわれています。加熱処理するなどして、人工的に発色させたものもあります。

52

緑色のペリドットとヒスイは地球のマントルがくれたもの？

カンラン石（苦土カンラン石）のなかで、美しい緑色をした「宝石」として扱われるものを**ペリドット**といいます。

苦土カンラン石は、地球内部の上部マントルを構成するカンラン岩に多く含まれている鉱物です。北海道の**アポイ岳**は全体がカンラン岩でできた山で、登山道でもオリーブ色をした苦土カンラン石を見ることができます。また、苦土カンラン石は、純粋なものは透明ですが、**鉄を含むと黄緑色～黄褐色**に変化します。

もうひとつ、緑色をした「日本の国石」である**ヒスイ**は、おもに**ヒスイ輝石**という鉱物でできた硬い岩石です。これは、海洋プレートが大陸プレートに沈み込む場所（沈み込み帯）の地中深くでつくられます。

そして、ヒスイの産地には必ず**蛇紋岩**という岩石が見られます。蛇紋岩は、上部マントル中のカンラン岩と、沈み込んだ海洋プレートが含む水が反応して変化したものです。蛇紋岩は、周りのカンラン岩よりも比重が小さいため地中を上がってきます。このとき、すでにできていたヒスイを取り込んで上がっていくので、地表近くでヒスイが見られます。

⬅新潟県糸魚川市を流れる姫川の支流、小滝川にある小滝川硬玉産地。丸で囲んだ部分に美しいヒスイが見られますが、ここでの採集は禁止されています。

⬇緑色で半透明のヒスイは、古くは玉と呼ばれて珍重されていました。

© 糸魚川市観光協会

⬆8月の誕生石で、とても緻密で緑色をしたペリドット。

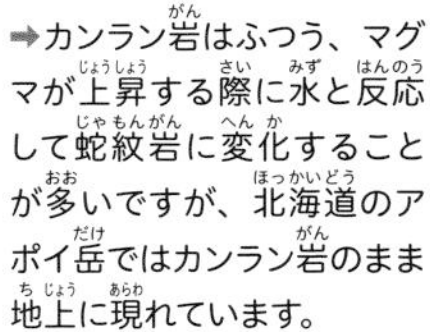

➡カンラン岩はふつう、マグマが上昇する際に水と反応して蛇紋岩に変化することが多いですが、北海道のアポイ岳ではカンラン岩のまま地上に現れています。

新潟県糸魚川市では、縄文時代の遺跡からヒスイ製の斧や装飾品などが見つかっています。このヒスイの起源は、大陸産と考えられていましたが、1935年に小滝川上流でヒスイ輝石が発見され糸魚川産とわかりました。

53 地球にたくさん鉄があるのは海で大発生した酸素のおかげ?

現在、わたしたちが使っている鉄製品の原料は**鉄鉱石**です。その鉄鉱石のほとんどは、**シアノバクテリア**という微生物がつくり出したものです。

約27億年前に大繁殖したシアノバクテリアは、光合成によって大量の酸素をつくり始めました。そして、約24億5000万年前には、酸素濃度が上昇して地球の環境が大きく変わっていきました（大酸化イベント）。

酸素は、海の水のなかに大量に溶けていた鉄イオンと結びついて、**酸化鉄**になりました。酸化鉄は水に溶けにくいうえに沈むため、海の底に溜まっていき、長い時間をかけて**縞状鉄鉱層**という鉱石に変わりました。縞状鉄鉱層は、**約25億～19億年前の地層**で、鉄を多く含む鉱物（鉄鉱石）の層と菱鉄鉱などの炭酸塩を含む鉱物の層が数㎝ずつしま模様に堆積したものです。わたしたちが使う鉄資源の大部分が、この地層から得られています。

鉄鉱石の産出量が多いのはブラジル、中国、オーストラリア、インドなどですが、これらの地域で鉄鉱石がよく採れるのは、シアノバクテリアが大繁殖した古い時代の岩石が多く残っているためです。

⬅オーストラリア西部、ピルバラ・カリジニ国立公園に広がる縞状鉄鉱層。大昔の地球がわたしたちにくれた「鉄」の材料です。

©Bernhard Schmid/ アフロ

➡オーストラリア、ハマスレーの鉄鉱山。赤茶けているのは鉄（鉄鉱石）です。

©Universal Images Group/ アフロ

大酸化イベントで酸化鉄ができたよ！

⬅外国から日本に運ばれた鉄鉱石が、港近くにある製鉄所に積み上げられています（写真は茨城県の鹿島港）。

日本には縞状鉄鉱層がないため、鉄資源に恵まれていません。かつては岩手県釜石市の釜石鉱山などで採掘していましたが、現在、鉄鋼業の材料としての鉄鉱石はすべて、オーストラリアやブラジルなどからの輸入に頼っています。

54 石炭の正体は大昔の巨大な植物？

石炭紀（約3億5900万～2億9890万年前）は、陸上でシダ植物や昆虫、両生類が栄えた時代です。じめじめとした湿地ではシダ植物の**リンボク**や**フウインボク**、**ロボク**などが巨大な木になり、大きな**森林**をつくりました。

この巨大なシダ植物が一生を終えて倒れると、沼地の泥のなかで菌類（微生物）に分解されることなく、木々は腐らず**泥炭**となって埋もれていきました。その上には砂や土、泥炭などが積もっていきます。長い時間をかけて、地下の高い圧力や熱を受けると、泥炭は成分が変化して**褐炭**になります。ここに砂や土などが積み重なりながら、もっと高い温度や圧力を受けることで褐炭は**歴青炭**に変化します。さらに、時間をかけて歴青炭は**無煙炭**へと姿を変えます。

この変化を**石炭化**といって、石炭とは**植物の化石**なのです。

石炭は、かつては「黒いダイヤモンド」と呼ばれるほど産業の発展を支えました。たとえば、蒸気機関車（SL）を動かすエネルギー源は石炭でしたし、今も火力発電所や製鉄の原料として石炭は使われています。

⬆たくさんの太陽光を得るため高さを増したシダ植物など、植物がさまざまに進化した石炭紀の森林の想像図。これらの植物が地下に埋もれて、熱や圧力を受けて石炭ができあがりました。

©Science Photo Library/ アフロ

⬆20世紀の初頭までは「黒いダイヤモンド」といわれるほど、石炭はもっとも重要な燃料でした。

➡福島県いわき市の「みろくさわ炭鉱資料館」の敷地内にある石炭の地層。

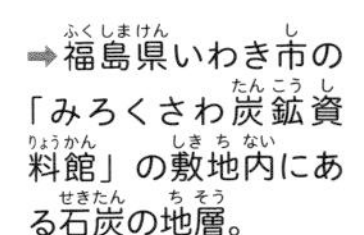

石炭は「石炭紀」の地層からしか採れないわけではありません。大量に採れるのは石炭紀の地層ですが、かつてたくさんあった日本の炭田の多くでは、約6600万～2300万年前、新生代古第三紀の地層から石炭を採掘していました。

55 生活を支える石油やガスは生物の死がいから生まれる

わたしちが生活で使っている**石油やガス**は、大昔の**海洋プランクトンなどの死がいが堆積**したものが、数百万〜数千万年かけて姿を変えたものです。

海洋プランクトンの死がいは、泥や砂といっしょに海底に沈んで積もります。そのほとんどはバクテリアなどの微生物に分解されますが、海底で酸素が少ないところに溜まった死がいは分解されずに、**有機物を多く含んだ泥の地層**になります。とくに、地盤が沈み込んでいくところでは、堆積物が積み重なって、**頁岩**という岩石になります。この頁岩が地下深くで、100℃くらいの温度にさらされると、含まれている有機物が化学反応を起こして**ケロジェン（油母）**という物質に変わります。そして、地下深くに溜まったケロジェンは、長い時間、高い温度や圧力を受けることで**原油や天然ガス**になっていきます。

原油やガスは水よりも軽いので、岩石の粒の間を上へと進んでいきます。そのとき、液体を通しにくい地層が蓋のような構造をつくると、その下に原油やガスが溜まって**油田（ガス田）**となります。貯蔵場所は、地層が変形した**褶曲の山の部分（背斜）**です。

サウジアラビアの砂漠地帯にある巨大なシェイバー油田のようす。

油ガス田のしくみ

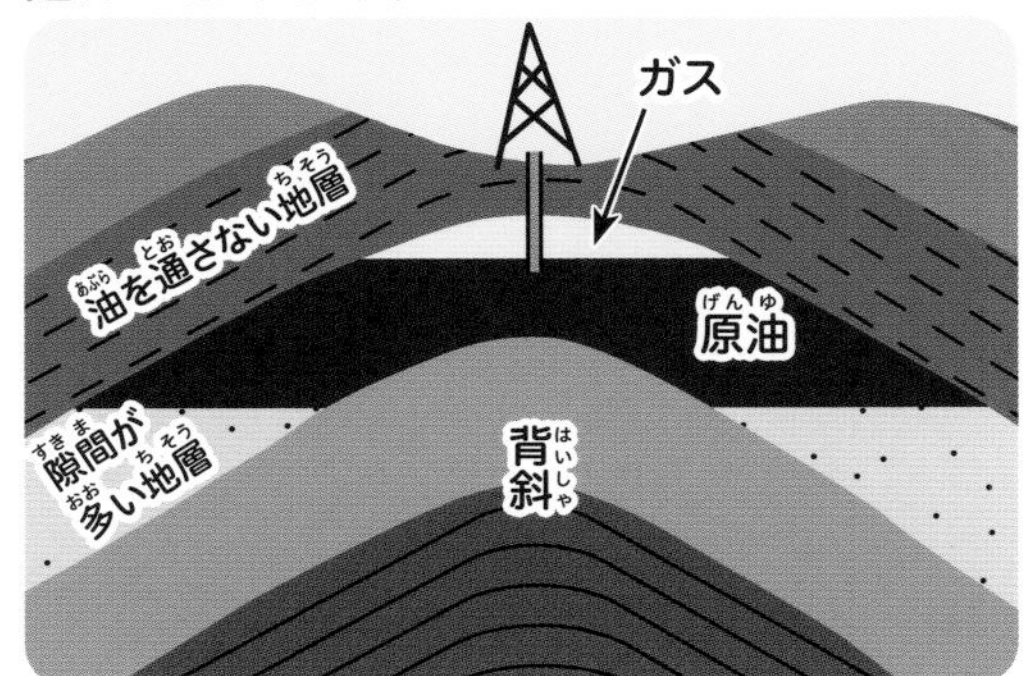

⬅地層が波のように曲がった褶曲の背斜部に、蓋をするようにして石油を通さない地層があると、その下に原油やガスが溜まっていきます。

⬇秋田県潟上市の豊川油田跡。1年間で約8万6800キロリットルも原油を産出した時代がありました。

⬅新潟県胎内市のシンクルトン記念公園にある、日本で一番古い油田の跡（油壺）。

地球の豆知識

国内原油の6割以上（2020年）を生産する新潟県のほか、秋田県、北海道などには油田やガス田があります。油田が日本海側に多いのは、日本列島が東西から押す力を受けて褶曲構造ができ、日本海側に背斜が発達しているからです。

教えて高橋先生！

もっと知りたい地球のミステリー No.4

コラム

体がぽかぽかになる温泉は火山のマグマからの贈り物

日本には、南から北まで有名温泉地が各地にあります。では温泉は、どのようにして地球のなかでつくられているのでしょう。温泉の多くは、雨や雪が土にしみ込んで地下水となり、それが何年もかけて温泉の成分を取り込んで再び地中から湧き出たものです。そのでき方は、火山と関係があるかないかで、火山性温泉と非火山性温泉に分けられます。

火山性温泉は火山地帯にある温泉で、1000℃以上もある高温のマグマがその熱源です。地中深くから上昇してきたマグマは、地下数km～10数kmという浅い部分にマグマ溜まりをつくりますが、この熱で地下水が熱せられて、断層などでできた割れ目を上昇してきたり、人の力で地表に湧き出してきたものが火山性温泉です。非火山性温泉には、深層地下水型と化石海水型があります。深層地下水型は、地下水が一般に100mごとに約3℃熱くなる地中の熱など、火山以外の熱で温められてできた温泉です。化石海水型は、大昔の海水が地殻の動きなどによって地中に閉じ込められて、これが同じように火山以外の熱で温められた温泉です。つまり温泉は「地中深くにあるマグマのエネルギー」や「大昔の海」を感じられる、地球からの贈り物なのです。

⬆地下にしみ込んだ雨水などが火山のマグマで熱せられて湧き出たのが火山性温泉です。

⬆湯量、源泉の数で国内1位の温泉地、大分県の別府温泉（鉄輪温泉）のようす。

Part 5

日本列島の地質・地形探検

日本列島ができるまでの長い歴史のほか、
鍾乳洞や大きな断層、首長竜の化石、
柱状節理、チバニアン、
リアス海岸、カルデラ、富士山など、
ここでは日本各地の
地質や地形の名所の謎を解説します。

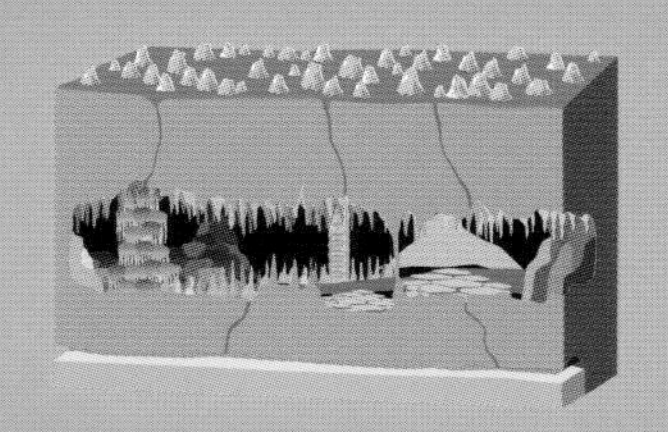

56 日本はユーラシア大陸の一部だったって本当？

大昔、日本列島は**ユーラシア大陸の一部**で、まだ日本海はありませんでした。

約5億年前、のちに日本列島になる大陸の縁では、海洋プレートの沈み込みが始まり、その一部が、大陸に押しつけられて、**付加体**がつくられていきました。

この海洋プレートは、**イザナギプレート**と呼ばれ、大陸に衝突しながら北東方向に移動していたため、大陸の東縁に大規模な横ずれ運動が起こりました。約3000万年前、大陸の東縁では、激しい地震と火山活動が起こって陸地が裂け始め、入江ができました。

地殻の下からは高温でやわらかいマントルが上昇してきて、裂けた大地には、高温のマグマが上昇してきて噴火活動が起こり、地表に溶岩や火山灰が堆積していきました。

約2000万年前、入江は大きくなっていき、やがて海水が入り込んで、**日本海**ができました。**日本海の拡大**によって大陸の東縁の陸地はふたつに分裂。**東北日本は反時計回り**に約25度、**西南日本は時計回り**に約45度回転しながら太平洋側に押し出されたのです。そして、**約1500万年前に日本列島は、現在の位置に到達**したと考えられています。

日本列島誕生の過程

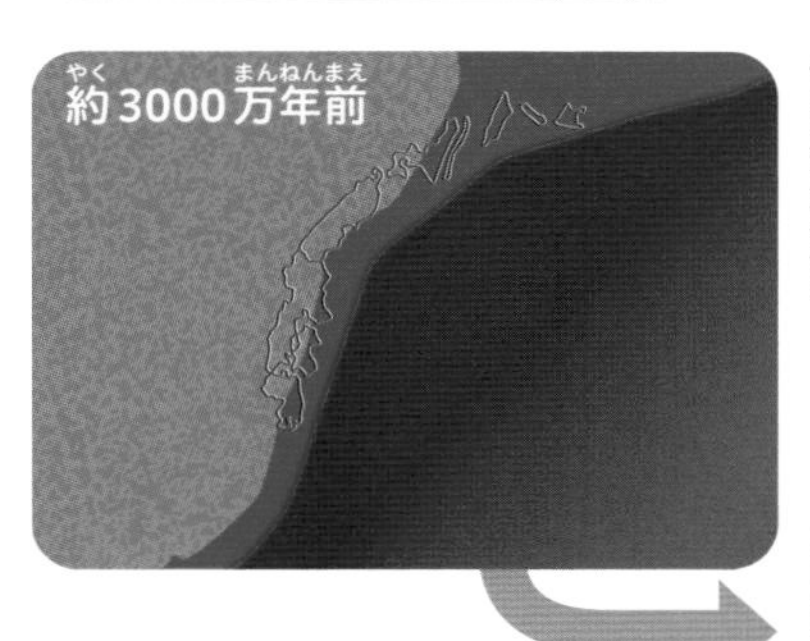

⬅もともとはユーラシア大陸の一部だった日本列島。大陸の東側で巨大地震が発生し、さらに火山活動も活発化しました。

約2500万年前

➡ユーラシア大陸に裂け目ができて水が溜まり、広がった裂け目に海水が入り込みました。そして日本列島の元が、大陸から離れ始めました。

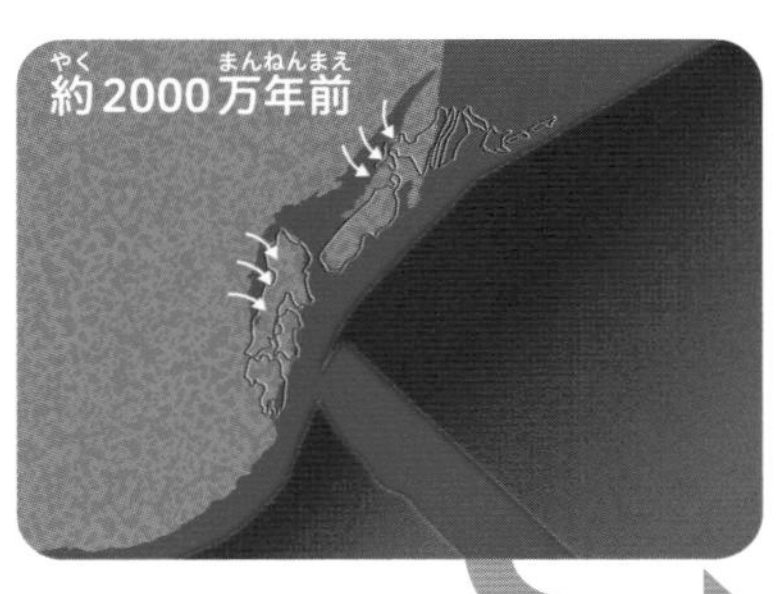

⬅ユーラシア大陸の北と南にあった日本列島の元になる地塊が、それぞれ逆方向に回転しながら、観音開きするように日本海が拡大しました。

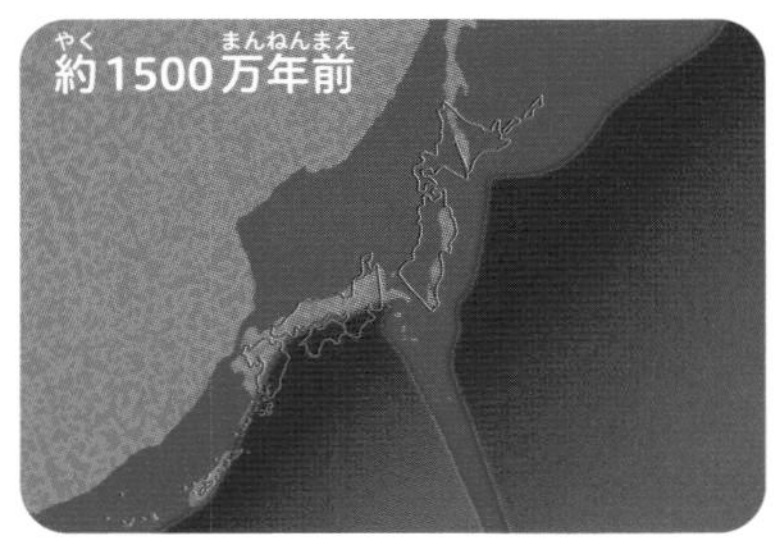

➡北にあった東北日本弧、南にあった西南日本弧がおよそ現在の位置まで移動したと考えられています。

千葉県の房総半島沖では、フィリピン海プレートが北アメリカプレートの下に南から沈み込み、さらに太平洋プレートが西からふたつのプレートの下に沈み込んでいます。これらのプレート境界3重点が房総沖にあります。

57 日本列島の元は海のプレートの残がいの集まり

日本列島の土台は、**付加体**でできています。付加体とは、海洋プレートが海溝で大陸プレートの下に沈み込んでいくとき、海溝に溜まっていた陸地からの**泥や土砂**、海溝に乗って運ばれた**チャート**（放散虫という生物が海底に堆積してできた岩石）や**石灰岩、玄武岩、海山などの一部**がはぎ取られ、大陸に押しつけられたものです。

付加体が大きくなっていくときには、新しい付加体は古い付加体の下にもぐり込み、古い付加体を押し上げていきます。新しい付加体が古い付加体を押し上げるとき、押す力によって逆断層ができます。

付加体が帯状に分布する日本列島は、**日本海側ほど古く太平洋側ほど新しい**年代の付加体になっています。また、関東から九州にかけて**中央構造線**（136ページ）という断層があります。西南日本の中央構造線より日本海側に分布しているのは、中生代ジュラ紀以前の日本が大陸の縁にあった頃の付加体です。中央構造線の太平洋側は、ジュラ紀、白亜紀、新生代の付加体です。また日本列島には、地下深くでできた変成岩帯がいくつかあり、これも日本海側ほど古くなっています。

付加体ができるしくみ

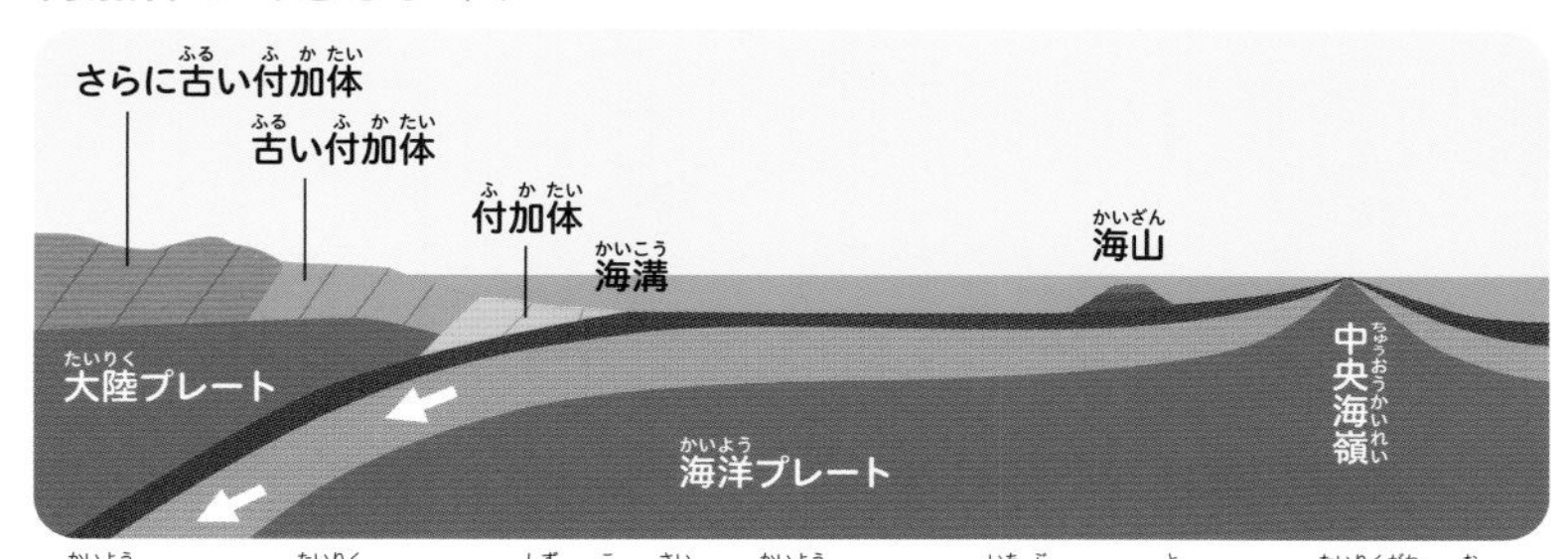

⬆海洋プレートが大陸プレートに沈み込む際に、海洋プレートの一部がはぎ取られて、大陸側に押しつけられます。この繰り返しにより、大陸側につけ加わっていくものを「付加体」といいます。

⬆神流川の上流の、群馬県と埼玉県の境にある三波石峡。海底火山によってできた玄武岩や堆積岩が、地下深くで熱や圧力により再結晶してできた三波川変成帯の広域変成岩です。

⬆埼玉県秩父地方にある武甲山。元は約2億3000万年前に南の火山島にできたサンゴ礁でした。現在はサンゴ礁由来の石灰岩の山として、1979年から採掘が続けられています。

⬅山口県の古生代の石灰岩から発見されたフズリナの化石。フズリナは温かい浅い海に生息していた有孔虫の一種で、これが見つかるということはかつてそこが古生代の海だったことを示しています。

日本でもっとも古い付加体は、京都府北部にある大江山などで見られる古生代オルドビス紀（4億8800万～4億4400万年前）の変成岩です。この頃、プレートの沈み込みが活発になり、多くの付加体がつくられました。

58 秋芳洞の鍾乳洞をつくる石灰岩ははるか南のサンゴ礁だった

山口県美祢市の中・東部に広がる、日本最大級の**カルスト台地**である**秋吉台**。その地下にある洞窟が**秋芳洞**です。カルストとは、地表に露出した石灰岩が雨水などで侵食されてできた地形のこと。秋芳洞と秋吉台は国の特別天然記念物に指定されています。

一帯に広がる**石灰岩層**の土台が生まれたのは、約３億５０００万年前のこと。今の日本列島よりずっと南で海底火山が噴火し、その後、石灰岩の元となる**サンゴ礁**が形成されました。約８０００年もの時間をかけて海洋プレートによって大陸の縁まで運ばれると、さまざまな岩石と混ざりながら大陸に付加し、のちに地表に露出しました。秋吉台の石灰岩からはフズリナや貝、サンゴなどの**生物の化石**が多く発見されています。

石灰岩は水に溶けやすい性質をもっています。雨水や地下水などの侵食を受けてできた洞窟のひとつが秋芳洞です。割れ目に沿ってできた穴が、地下水の水面付近で横に広がると空間が徐々に巨大化しました。そして、石灰分を含む地下水が炭酸カルシウムの結晶である**鍾乳石の柱**などを洞窟内につくって、現在のような秋芳洞が誕生したのです。

秋芳洞

➡秋芳洞の上にある秋吉台は、岩石が雨水や地下水などで侵食されてできた、特殊な地形をもつカルスト台地です。秋吉台の至るところで、丸みを帯びた石灰岩が見られます。

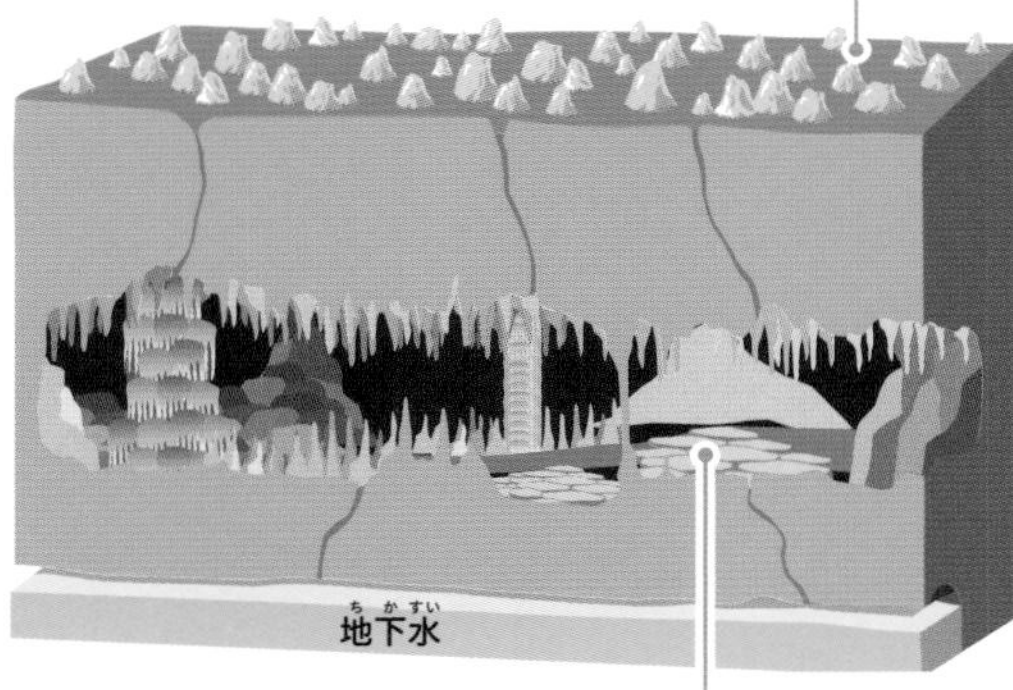

秋芳洞の断面図

厚さ500 ～ 1000mの石灰岩が存在する秋吉台のカルスト台地に降った雨水が、長い年月をかけて石灰岩を溶かして、400以上もの鍾乳洞をつくりました。そのなかで最大の秋芳洞は全長約8.8㎞もあります。

➡秋芳洞にある百枚皿はたくさんの皿を並べたような姿をしているのが名前の由来。段丘の中腹から流れ出た水に含まれている石灰分が、波紋の端の部分に沈澱して固まってできました。

石灰岩を加工してつくられた石灰は、建材だけでなく、食品にも使われています。たとえば、こんにゃくはこんにゃく芋をすりおろしてから、水を入れて練り、整形しますが、このとき少量の石灰が凝固剤として加えられています。

59 埼玉県の長瀞は地球の窓！貴重な岩石や地質の宝庫

埼玉県・山梨県・長野県の3つの県境にある甲武信ヶ岳から流れ出る**荒川**は、埼玉県と東京都を流れて東京湾に注いでいます。下流は改修工事もされていて市街地をゆっくりと流れていますが、埼玉県西部の**秩父地方（長瀞町・皆野町）**の上流ではまったく違う姿を見せてくれます。

そこは、荒川が岩を削ってできた峡谷が4kmも続く**長瀞**で、畳2万枚分にもなる平らな岩が広がる**岩畳**、断層がつくった**絶壁（赤壁）**のほか、地質の魅力も満点です。

長瀞一帯は、恐竜が生きていた時代（約1億6000万～1億年前）の岩石が元になっています。それは海洋地殻の玄武岩や海溝に積もった砂や泥で、これが海洋プレートに乗って大陸プレートの下へ沈み込んでいきました。すると地下15～30kmで、大きな圧力と熱の力を受けて**結晶片岩**という**変成岩**に変化。これがさらに、地殻変動によって上昇、地表へ現れたのが長瀞の岩畳なのです。なかでもピンク色の**紅簾石片岩**は、世界でもめずらしい変成岩です。大昔の地中深くでできた岩石を目で見られることから、長瀞は**地球の窓**と呼ばれています。

長瀞のおもな見どころ

©国土地理院

岩畳

←幅は80m、長さは500mほどある結晶片岩が段々に削られてできた地形です。緑泥石片岩と石墨片岩でできています。

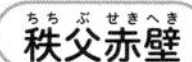

秩父赤壁

→岩畳の対岸にある長さは約500m、高さが最大で50mを超える崖です。石英片岩に含まれる鉄が酸化して赤くなっていることから、秩父赤壁と呼ばれています。

虎岩

←茶色がかったところは、鉄やアルミニウムを多く含んだスティルプノメレン片岩で、白いのは方解石や石英などの鉱物です。2種類の岩石が「虎の毛皮」のような模様をつくっているため虎岩と呼ばれます。

ポットホール（甌穴）

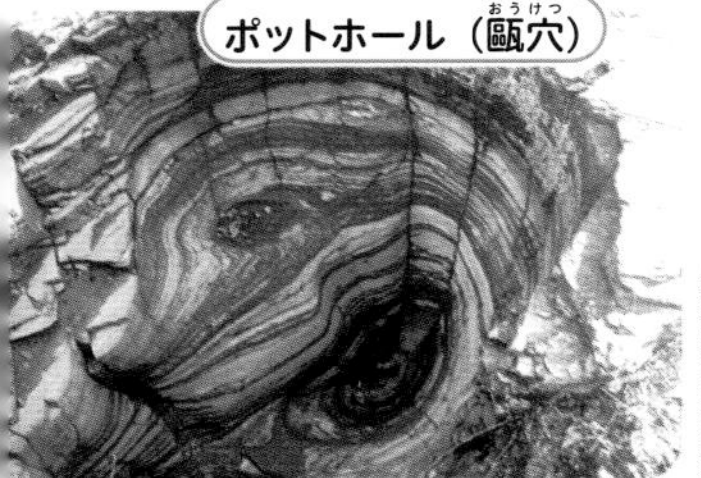

↑川のくぼみに挟まった石が、川の流れによって長い期間削ってできた穴。

紅簾石片岩

←濃い赤色をした紅簾石という鉱物を含んだ結晶片岩で、その赤はマンガンという物質によって生まれた色です。写真は、親鼻橋の上流側で、淡いピンク色をしているのが紅簾石片岩です。

「埼玉県立自然の博物館」前には「日本の地質学発祥の地」の石碑があります。これは明治時代以降、長瀞周辺に日本の地質学の祖・ドイツ人のナウマン、彼の弟子の小藤文次郎ら多くの地質学者が訪れ研究の場としたことによります。

60 関東から九州にかけてず〜っと地層がずれている？

中央構造線と地質帯

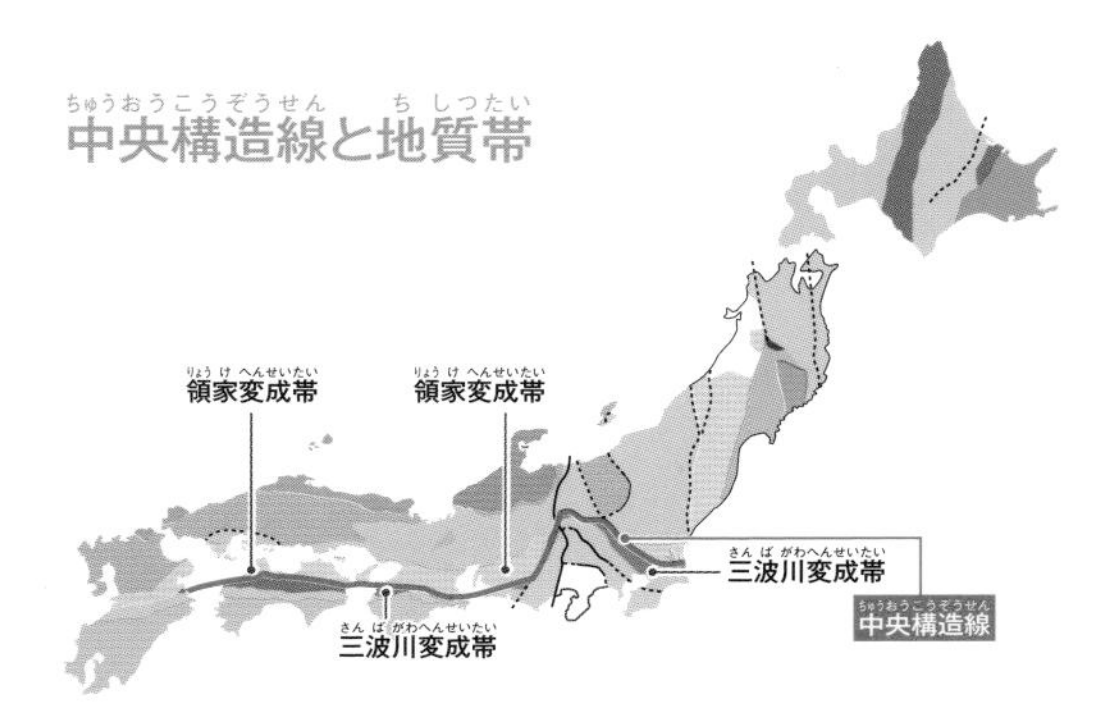

⬆色の違いは異なる地質帯を表しています。中央構造線（赤線）の北側の内帯には領家変成帯の岩石、南側の外帯には三波川変成帯の岩石が分布しています。海洋プレートが北上するのにともない堆積物が加わったため、帯状に地質帯が分布しています。

日本列島には、関東から九州にかけて、**総延長1000㎞を超える**国内最大級の**断層**が存在しています。この断層は**中央構造線**と呼ばれています。

中央構造線は、九州から四国地方にかけて、おおむね東西方向に伸びていますが、中部から関東にかけては、大きく「ハ」の字の形に曲がっています。

この断層を発見したのは、ドイツ人の地質学者**エドムント・ナウマン**です。ナウマンは、明治時代に来日して、日本各地で地質調査を行いました。そして、西南日本を縦断する断

➡長野県大鹿村の北川露頭。写真左は内帯で花こう岩源マイロナイト、右側は外帯で緑色片岩が分布しています。

⬅三重県松阪市の月出露頭。1959年に発生した伊勢湾台風で土砂崩れが起きた際に見つかりました。中央構造線を境に岩石の種類が異なるようすがわかります。

⬅愛媛県伊予郡砥部町の砥部衝上断層は、中央構造線上にできた逆断層です。砥部川によって洗い流されて、露出しました。

層を発見して「大中央裂線」と名づけました。これが中央構造線という呼び名の元です。西南日本では、中央構造線を境にして、できた場所がまったく異なる岩石が接しているので、ナウマンは、西南日本の中央構造線の北側（日本海側）を**内帯**、南側（太平洋側）を**外帯**と名づけました。

中央構造線は、約1億年前の中生代白亜紀、日本列島がユーラシア大陸の縁にあった頃にできたものです。

約1億年前、太平洋側の海溝で大陸プレートの下に沈み込んでいた海洋プレート（イザナギプレート）は、北東に向かって移動していました。そのため、大陸プレートの東端の付加体が、北東に引っ張られる形になり、いくつもの**巨大な横ずれ断層**ができました。この断層が、のちに中央構造線になったと考えられています。

地球の豆知識

中央構造線は、中部～関東にかけて大きく「ハ」の字に曲がっています。これは約2000万年前から、南の海からプレートに乗って関東山地、丹沢、伊豆が次々と本州に衝突したため、その衝撃で曲がってしまったと考えられます。

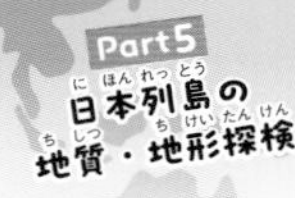

61 日本列島の真ん中にフォッサマグナという溝がある？

明治時代に来日したドイツ人地質学者ナウマンは、西南日本から続く古い地質が、本州の中央部、飛騨山脈や明石山脈の東縁で急に低くなっているのに気づきました。彼はこの地形を溝だと考え**フォッサマグナ**（**大きな地溝**）と名づけました。

左の図のように、フォッサマグナの東縁は、**新発田―小出構造線**と**柏崎―千葉構造線**、西縁は**糸魚川―静岡構造線**（**糸静線**）と呼ばれる断層だと考えられています。フォッサマグナを境として、東と西では、地層や岩石などの地質が大きく違っています。

フォッサマグナの断面を見ると、おもに約4億～1億年前の古生代・中生代の岩石を基盤とした深さ6000m以上あるU字溝のような溝に、約2000万年前の新生代の岩石が詰まっています。

約2000万～1500万年前、大陸の縁にあった日本列島が観音開きのように回転して移動したとき（128ページ）、東北日本と西南日本の間に**深さ数千mの深い海**ができました。その海に、長い年月をかけて**土砂や海底火山の噴出物が堆積**し、陸地となったのが、フォッサマグナだと考えられています。

フォッサマグナパーク（新潟県糸魚川市）のプレート境界。左は西日本（ユーラシアプレート）、右は東北日本（北アメリカプレート）の地質です。

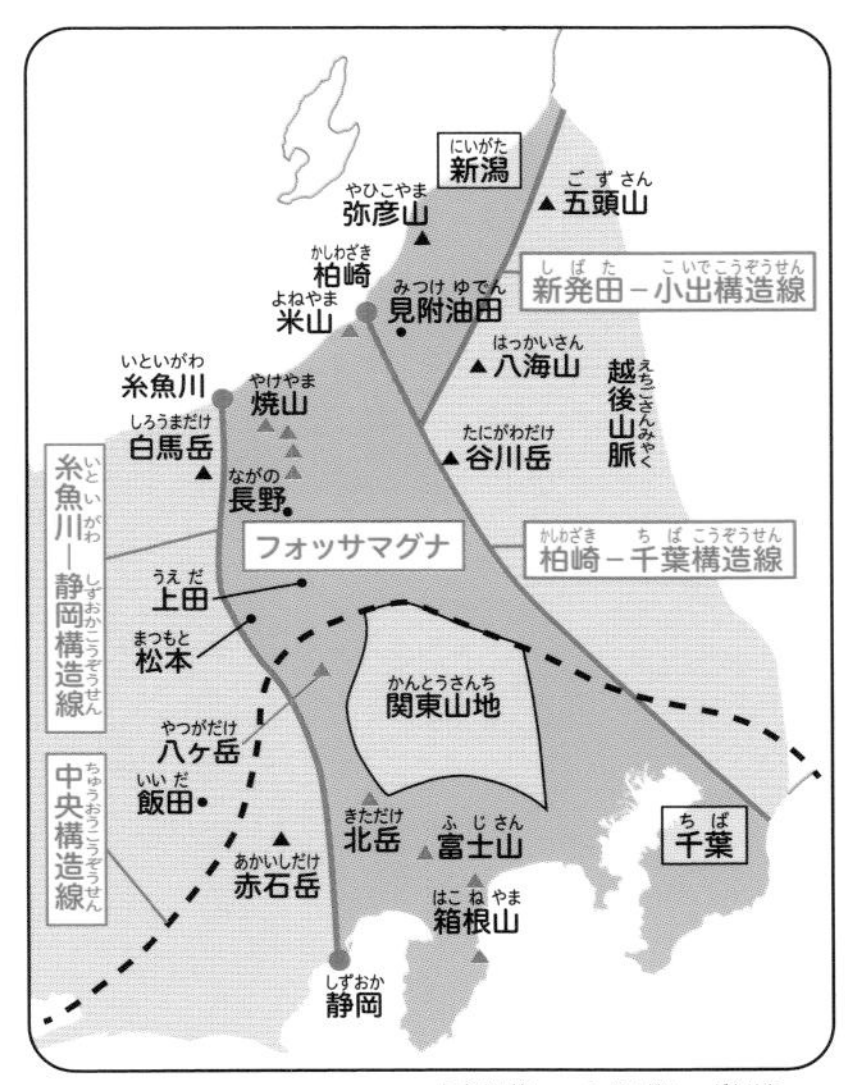

フォッサマグナは、おもに中生代・古生代の岩石からなる南北方向の溝のなかに、新生代の岩石が詰まっています。東の端は新発田 - 小出構造線と柏崎 - 千葉構造線、西の端は糸魚川 - 静岡構造線です。

山梨県北杜市の「石空川渓谷・精進ヶ滝遊歩道」にある糸魚川 - 静岡構造線の露頭。フォッサマグナの西の端です。西側（写真右）の白い花こう岩帯が、東側（写真左）の砂岩泥岩層である桃の木層にのし上がった逆断層になっています。

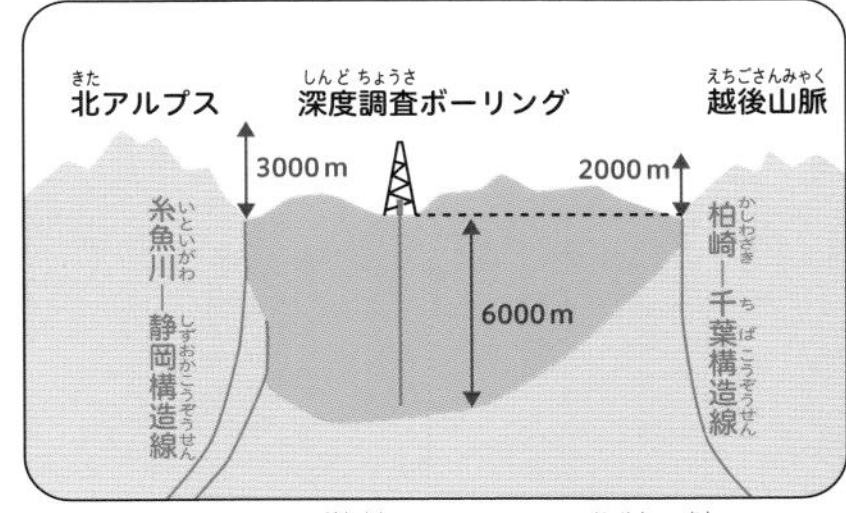

フォッサマグナの断面のイメージ。地面に穴をあけるボーリング調査の結果、フォッサマグナの溝の深さは6000m以上あることがわかりました。

エドムント・ナウマンはドイツ人地質学者で、明治時代に日本全国を回って地質調査を行い、詳細な日本の地質図をつくり、フォッサマグナを発見するなど、大きな功績を残しました。ナウマンゾウは、彼にちなんで名づけられました。

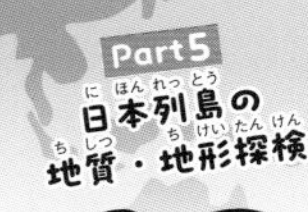

62 日本で一番有名な首長竜フタバスズキリュウとは？

首長竜は、陸にいた爬虫類が進化して、海に暮らすようになった**海棲爬虫類**です。日本でとくに有名なのが、約8500万年前の白亜紀後期、日本の近海に暮らしていた**フタバスズキリュウ**（学名はフタバサウルス・スズキイ）です。超人気アニメには、卵で生まれる（卵生）設定で登場しましたが、その後、赤ちゃんの骨がお腹に残った化石が見つかったことから、実際は人間と同じ**胎生**とわかっています。

化石は1968年、福島県いわき市北部を流れる大久川の河岸で発見されました。当時高校生の鈴木直さんが、**双葉層群**という中生代白亜紀の地層で脊椎動物の尾骨化石を見つけ、以前からやりとりをしていた国立科学博物館の研究者に手紙を出しました。二人が現地を訪れ、調査の結果、首長竜の一部だとわかったのです。その後の本格的な発掘調査で、頭骨や脊椎骨、肋骨、骨盤、左右の後ろヒレ足など**全体の約7割の化石**が採取されています。なお、化石の発見場所と発見者の名前からフタバスズキリュウの和名がつけられましたが、2006年に新種と認められて、**フタバサウルス・スズキイ**の学名がつきました。

⬇国立科学博物館（東京都）のフタバスズキリュウの骨格復元模型。全長は約6.5m。こちらは第２号模型で、第１号はいわき市石炭・化石館（福島県）に展示されています。　写真提供：国立科学博物館

⬆いわき市石炭・化石館（福島県）の屋外に展示されている、フタバスズキリュウの生体復元模型。とても首が長い首長竜だったことがわかります。

⬇フタバスズキリュウの化石が発掘されたのと同じ地層（双葉層群）からは、アンモナイト（写真は巨大なメソプゾシア）や二枚貝などの化石がたくさん産出します。

所蔵：いわき市教育委員会

全体像がわかるフタバスズキリュウの化石はひとつしか発見されていない貴重なものですが、全身の復元骨格模型は、いわき市石炭・化石館、国立科学博物館、福島県立博物館、群馬県立自然史博物館の４カ所で展示されています。

63 日本海側の海岸に多い緑色の岩の正体は？

北は北海道から南は島根県まで、日本海側を中心に見られる緑色の岩石があります。**緑色凝灰岩（グリーンタフ）**と呼ばれる凝灰岩の一種です。凝灰岩は、火山から噴出した**火山灰などが堆積して固まった岩石**です。岩石の粒子が細かいのが特徴で、本来は灰白色や暗灰色、もしくは黒色をしています。緑色凝灰岩は、堆積後に熱水の影響を受けて緑色の**緑泥石**という鉱物に変質したため、淡い緑色をしています。

グリーンタフという呼び名は、英語のグリーン（緑）とタフ（凝灰岩）が元になっています。水に濡れるとより深い緑色になる性質をもち、弥生時代には首飾りなどに使われる管玉にも利用されていました。

約2000万～1500万年前、大陸と陸続きだった日本列島が大陸から分離し始め、生まれたのが日本海です。日本海の海底と海岸付近で活発な火山活動が起こり、**大量の火山噴出物**が海底に堆積しました。大規模な火山活動により加熱された**熱水**が、その地層のなかに染み込み、緑色凝灰岩ができあがったのです。熱水の温度は、400℃にも達していたと考えられています。

➡青森県下北郡の仏ヶ浦。緑色凝灰岩からなる奇岩・巨岩がそそり立つ景観から、国の名勝、天然記念物に指定されています。

➡秋田県男鹿市の男鹿半島南端にある館山崎で見られる緑色凝灰岩。ここで調査していた地質学者たちが「グリーンタフ」という通称で呼んでいたことがきっかけに、その名が広まりました。

⬇栃木県宇都宮市大谷町にある大谷石の採掘跡地。石材の採掘によって岩盤が垂直に切り立ち、緑がかった岩肌が見られます。

⬆広さ2万㎡にもおよぶ大谷石の地下採掘場跡。見学ができるほか、イベント会場や映画の撮影場所としても利用されています。

建材に利用される大谷石もグリーンタフです。関東平野の大半が海の底だった頃にできた大谷層から産出されます。スポンジ状の小さな穴をもつ鉱石を含み、耐火性にすぐれ、温度や湿度を一定に保つ効果をもっています。

64 東尋坊や清津峡はどうして柱のような岩だらけなの？

⬆約1kmにわたって柱状節理が続く福井県坂井市の東尋坊。高さ20m以上の断崖に、日本海の荒波が打ち寄せる勇壮な景観を生み出しています。

断崖絶壁で有名な福井県坂井市の**東尋坊**や、日本三大峡谷のひとつである新潟県十日町市の**清津峡**など、日本各地には整然と岩の柱が並んでいる場所があります。これは**柱状節理**と呼ばれる自然の地形で、人工的に削られたのかと思うほど、きれいに石の柱が並んでいます。

柱状節理は、**溶岩が冷えて固まる**際に体積が縮み、表面に入った**亀裂**が内部に広がってできました。東尋坊で見られる岩の柱は太く、幅が4mになるものがあります。これは、外気に触れることなく、地下でゆっくりと冷え

清津峡
東尋坊

➡清津川によって削られてV字谷となった清津峡。川を挟んだ岸壁には柱状節理が現れて、独特の景観をつくっています。

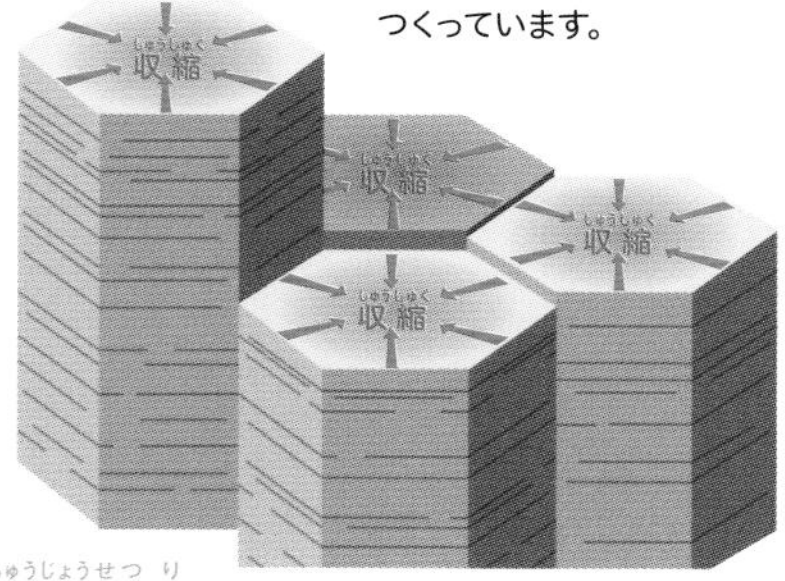

柱状節理のしくみ

⬆溶岩が冷えて固まる際に縮むと表面に割れ目が入り、冷えるに従って内部に割れ目が広がって角柱状になります。断面は六角形が多いですが、四角形、五角形などさまざまです。

⬆北海道根室市の花咲岬にある根室車石。海底火山の溶岩が急に冷やされてできた放射状節理の岩体です。

て固まったからだと考えられています。じつに1300万年前のことです。

そして、約50万年前に一帯が**地殻変動で隆起**し、長い年月をかけて日本海の荒波によって削られました。とくに冬場の荒れた海の力強さはすさまじく、「大池」と呼ばれる高さが25mにもおよぶ断崖の上にまで、波しぶきが届くほどです。現在の海岸線の入り組んだ地形は、**冬の季節風**とともに打ちつける**北西からの波**によってできました。

清津峡の柱状節理は、**V字谷**にそびえる姿が印象的です。新潟県の大部分が海の底だった約1500万年前、海底火山による火山噴出物が堆積すると、約700万〜500万年前にその地層に溶岩が入り込んで、冷えて固まって柱状節理ができました。隆起して山が形成されると徐々に侵食され、現在の断崖が現れたのです。

北海道根室市にある根室車石は、大きな車輪のように放射線状に発達した柱状節理が特徴です。海底火山により噴火した熱いドロドロの溶岩が、海水中で急冷された際に収縮し、このような形になりました。

65 千葉県市原市のチバニアンには地球の磁石の不思議がいっぱい！

地質年代とは、化石や岩石（地層）に残された証拠から、地球が誕生した約46億年前から現在までの地球の歴史を大小110以上の時代に区切ったものです。先カンブリア時代に始まって古生代、中生代、新生代と4つに分けられ、それがさらに紀、世と細かく分かれています。

現在を含む**新生代**は、恐竜絶滅で知られる約6600万年前からの**古第三紀**、約2300万年前からの**新第三紀**、約258万年前からの**第四紀**に分けられます。第四紀はさらに、約1・2万年前を境に**更新世**と**完新世**に分けられ、更新世は最近まで、前期の**ジュラシアンとカラブリアン**、**名前がない中期と後期**に分かれていました。このうち更新世中期、約77万4000年～12万9000年前の時代に**チバニアン**という名前がついたのは2020年1月でした。

この名前は、千葉県市原市田淵の養老川沿いの地層に由来します。この**千葉セクション**と呼ばれる地層の一部（火山灰）で見つかった**ジルコン**という鉱物を調べたところ、約77万4000年前、地球の**地磁気が逆転**していた証拠が見つかったのです。地磁気が逆転

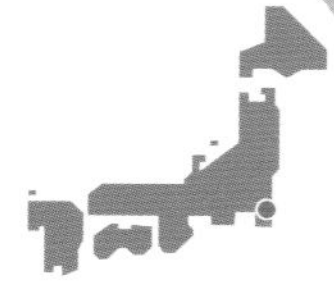

➡国立極地研究所や茨城大学の研究チームが「チバニアン」の模式地として申請した、千葉県を流れる養老川の露頭「千葉セクション」。白尾火山灰層といわれる層が地質年代の境目になっています。

チバニアンに関する地質年代表

代	紀	世	期	年代
				現在
新生代	第四紀	完新世		
				約1万1700年前
		更新世	後期	
				約12万9000年前
			中期チバニアン	
				約77万4000年前
			カラブリアン	
				約180万年前
			ジュラシアン	
				約258万年前
	新第三紀	鮮新世		
				約533万年前
		中新世		
				約2300万年前
	古第三紀	漸新世		
				約3390万年前
		始新世		
				約5600万年前
		暁新世		
				約6600万年前

する理由はわかっていませんが、地球では約360万年前から今までに少なくとも11回起きています。ところで、地質年代に名前がつくには、①海底で連続的に堆積した地層、②地層に地磁気逆転の証拠が記録されている、③地層が堆積した頃の環境の変化がよくわかる、といった条件が求められます。千葉セクションは②を満たしていたわけです。

更新世中期は「チバニアン」となりましたが、約12万9000～1万1700年前の更新世後期の名前は、2023年秋現在、国際地質科学連合が検討中です。候補のひとつがイタリア南部のターラントに由来するタランティアンです。

66

温泉で有名な伊豆半島は火山の島が本州に衝突してできた

静岡県東部にある**伊豆半島**は、大きさが南北約60㎞、東西約40㎞あり、太平洋に突き出すような形をしています。標高1406mの天城山などの山々が連なり、豊富な温泉が湧き出ることで有名です。

伊豆半島は**フィリピン海プレート**の上に乗っています。フィリピン海プレートの東側から太平洋プレートが沈み込んでおり、フィリピン海プレートの上には伊豆・小笠原・マリアナまで約2500㎞にわたる海溝に沿って火山フロントが続いています。これらの火山群は、フィリピン海プレートの北上にともない日本列島に近づいています。

約2000万年前、伊豆半島は現在の位置から約800㎞も南で、**海底火山**として誕生しました。約1000万年前に水面からでた伊豆火山島は、フィリピン海プレートの動きにともない、1年に約4㎝ずつ本州に近づいていきました。約600万年前に伊豆火山島の北にあった丹沢火山島が**本州に衝突**、さらに約70万年前に伊豆火山島も衝突しました。その影響で伊豆で火山活動が激しくなり、約20万年前に現在のように温泉で有名な伊豆半島になったのです。

➡静岡県下田市、爪木崎の海岸では、「俵磯」と呼ばれる柱状節理が見られます。海底火山の噴火で生まれた柱状節理が、地盤の隆起と侵食によって姿を現しました。

伊豆半島ができるまで

①2000万～1000万年前

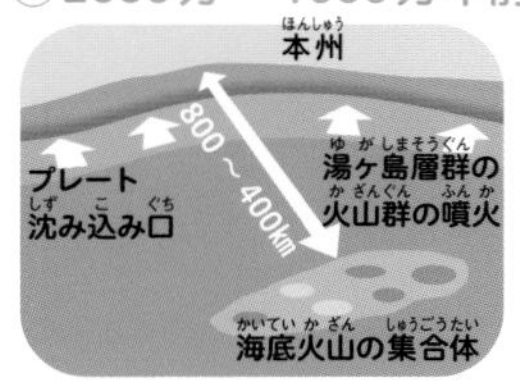

本州から約800～400㎞離れた海底に、海底火山の集合体がありました。

②1000万～200万年前

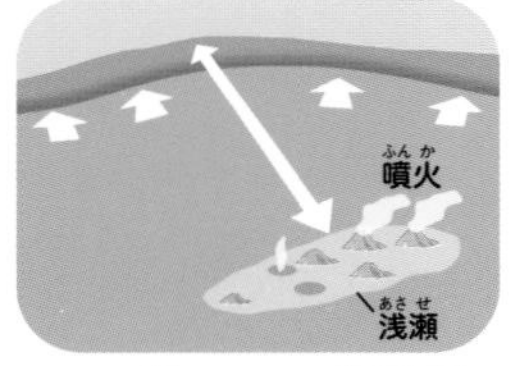

伊豆火山島群は、フィリピン海プレートに乗って本州に向かって移動しました。

③200万～100万年前

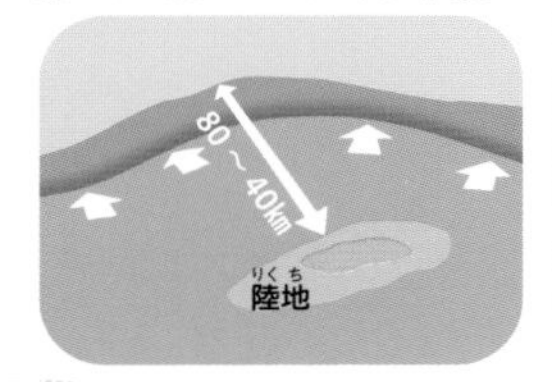

本州に近づくにつれ、火山灰や砂・泥が堆積して陸地が広がっていきました。

④100万～60万年前

火山島は約70万年前に本州に衝突し、本州側の丹沢山地が隆起しました。

⑤60万年前

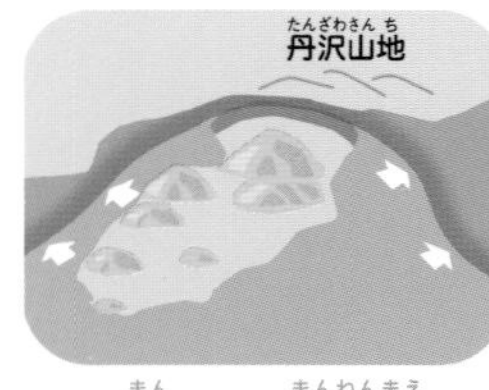

約60万年前には陸地同士が海を埋めて、伊豆半島ができました。

⑥60万～20万年前

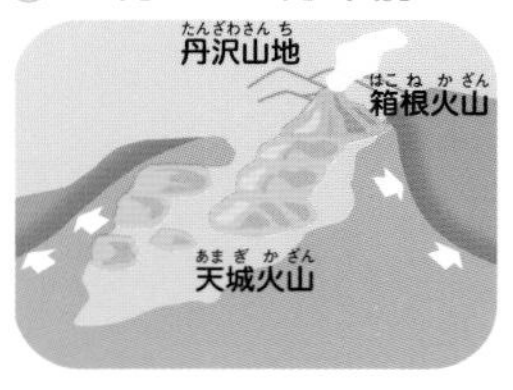

あちこちで噴火が起こって、天城山や達磨山などができ、ほぼ現在の姿になりました。

※伊豆半島ジオパークHPを参考に作図

伊豆半島と同様に、かつては海底火山だった丹沢山地。本州にくっつくと、その後やってきた伊豆半島に押されて急激に隆起しました。昔は海底火山であった証拠に、丹沢では枕状溶岩やサンゴの化石も数多く見つかっています。

67

日本一大きな湖の琵琶湖は滋賀県より南から移動してきた？

⬆大津市の上空から望む琵琶湖。面積は669.26㎢あり、滋賀県全体の約6分の1を占めています。

滋賀県の面積の約6分の1を占める**琵琶湖**は、**日本最大かつ最古の湖**です。琵琶湖大橋付近を境に、広く深い**北湖**と狭く浅い**南湖**に分かれています。10万年以上の歴史をもち、固有種が存在する湖を**古代湖**と呼び、世界中に20ほどしか存在しませんが、琵琶湖はその古代湖のひとつです。

琵琶湖が誕生したのは、およそ400万年前のことです。現在の**三重県伊賀市周辺**に窪地ができ、そこに浅くて狭い**大山田湖**が誕生しました。次第に湖全体が北に移動すると、面積も徐々に広がります。約300万年前に

琵琶湖ができるまで

約400万年前、現在の三重県伊賀市付近に浅くて狭い湖、大山田湖ができました。これが断層運動の影響を受けて形を変えながら北上していき、約43万年前に現在の琵琶湖の位置と形に落ち着きました。

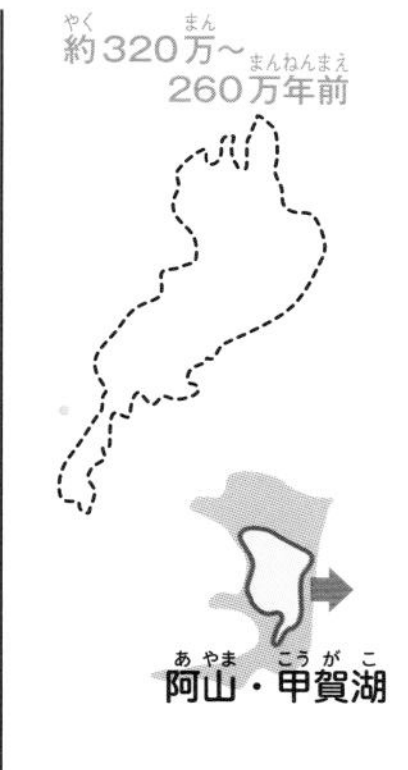

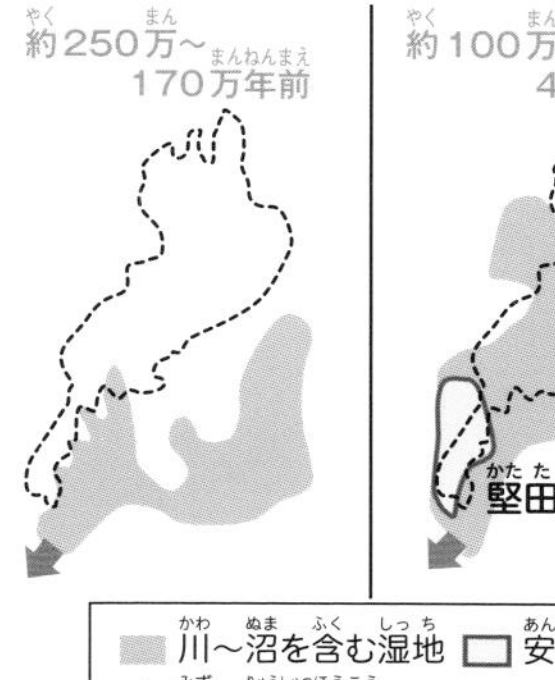

※里口保文著『琵琶湖はいつできた 地層が伝える過去の環境』（2018年）を元に作成

は、**古琵琶湖**（古い時代の琵琶湖）としては最大の湖が形成されました。その後、**断層運動**によって地盤が陥没する影響で湖が北上します。土砂に埋められ一度は消滅してしまいますが、約100万年前になると、現在の南湖の辺りに今日の琵琶湖の元となる小さな湖ができます。現在の琵琶湖のように広がったのは、**約43万年前**のことです。

琵琶湖の起源をひも解くカギは、**古琵琶湖層群**と呼ばれる地層にあります。この地層は、およそ南の地層ほど古く、琵琶湖に近い地層ほど新しいことがわかっています。また、現在の琵琶湖の湖底に堆積している土砂とも時間的に途切れることなく、地層が連続的に積み重なっています。つまり、つながりがある古琵琶湖層群をたどっていくと、琵琶湖がどこで誕生したかがわかり、移動してきたことも裏付けられるのです。

国内で2番目に広い湖は茨城県の東南部に広がる霞ケ浦で、もっとも大きい西浦のほか、北浦、外浪逆浦のおもに3湖からなります。外浪逆浦は、西浦や北浦と川でつながり、常陸川を介して利根川に注いでいます。

68

東北の三陸海岸がギザギザ地形になっているわけ

青森県八戸市から宮城県石巻市にかけた**三陸海岸**では、特徴的な海岸線を見ることができます。とくに岩手県宮古市以南では、岬と入り江が複雑に入り組んだ、ノコギリの歯のような**リアス海岸**が見られます。

リアス海岸とは、**陸地の沈降や海面の上昇**によって山地が海面下に沈んでできた海岸です。三陸では、海水面が現在よりも約150mも低かった氷河期の時代、山だった場所に川が流れて**深い谷**ができました。約2万年前から気温が上がると、**海水面が上昇**して谷が海のなかに沈みました。そして多くの湾ができてリアス海岸が生まれたのです。

三陸のリアス海岸の形成には、海に向かって走る**断層**が関係しています。断層がずれると岩石が砕かれ、ボロボロになった地層（破砕帯）ができます。破砕帯は周りよりもろいため、川に削られやすく、結果、リアス海岸の元になる深い谷ができたのです。

北部には断層が少なく、断層が海岸線と平行に走っているため、崩れたとしても海岸と平行の向きに崩れ、谷にはなりません。実際に、北側の海岸線は直線的で、隆起した**海成段丘**の崖がそびえ立っています。

高さ200mの断崖が約8㎞にわたって連なる岩手県の北山崎。波の力で削られてできた崖や海食洞（洞窟）が見られます。

➡岩手県田野畑の南海岸にある鵜の巣断崖。高さ200mもの崖が弓状にえぐられて、屏風のように5列になっています。

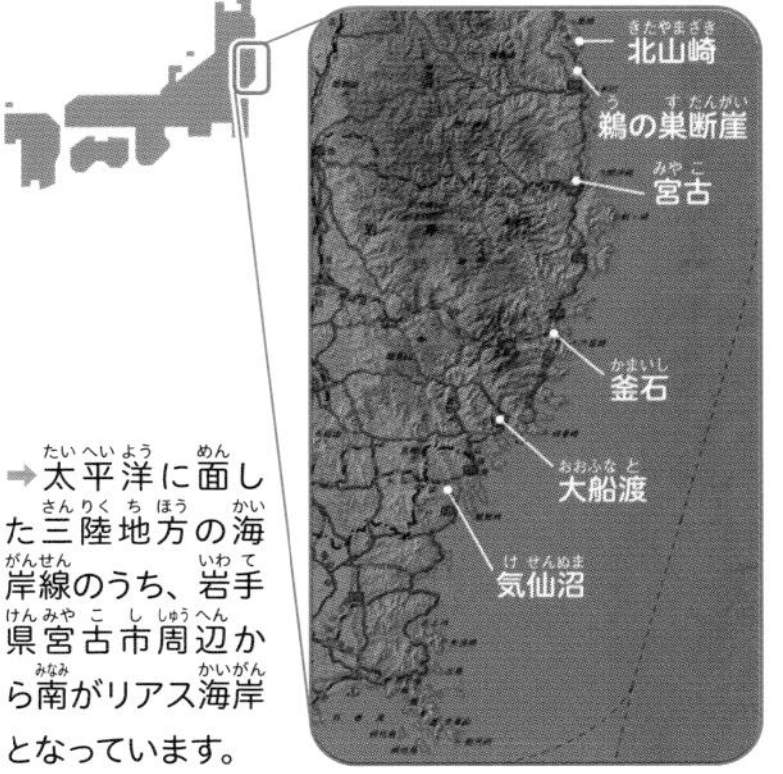

➡太平洋に面した三陸地方の海岸線のうち、岩手県宮古市周辺から南がリアス海岸となっています。

©国土地理院

⬆リアス海岸の地形を生かして牡蠣の養殖が行われている宮城県の気仙沼。

地球の豆知識

三陸の複雑なリアス海岸の入り江は波が穏やかで、風もあまり吹かないため、ホタテなどの養殖が盛んです。また、周囲の山から栄養が供給され、植物プランクトンも豊富です。親潮の恩恵もあって、養殖に最適な場所なのです。

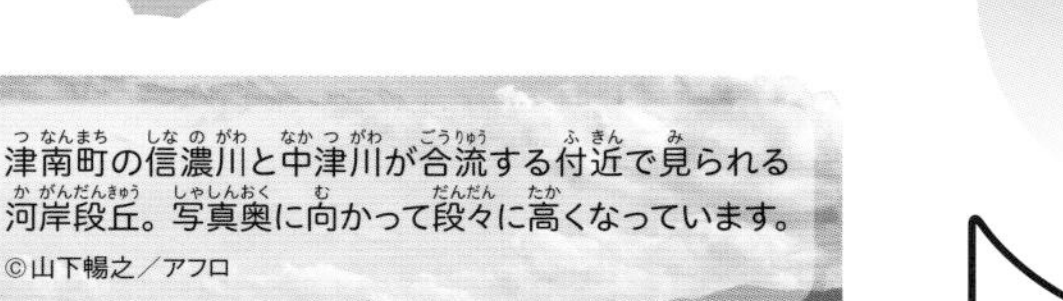

69 まるで巨人の階段!? 新潟県津南町の河岸段丘

津南町の信濃川と中津川が合流する付近で見られる河岸段丘。写真奥に向かって段々に高くなっています。

新潟県の南端に位置する津南町は、長野県から流れ込む**千曲川**が**信濃川**へと名前を変える場所です。南西から北東に流れる信濃川と、支流の**中津川**によって、壮大な**河岸段丘**が形成されています。**9段もの段丘面**が広がり、その規模は**日本最大級**です。

平坦な段丘面と、急斜面の**段丘崖**で構成される**階段状の地形**を**段丘**と呼び、河川に沿ってつくられた段丘が河岸段丘です。

川が運んできた土砂が山あいに堆積すると、やがて谷底平野がつくられます。地盤の隆起や、海水面の低下によって川底の勾配が

信濃川と中津川が合流する付近の中津川の地形図。右の写真は、星印のあたりから東の方向を撮影しています。 ©国土地理院

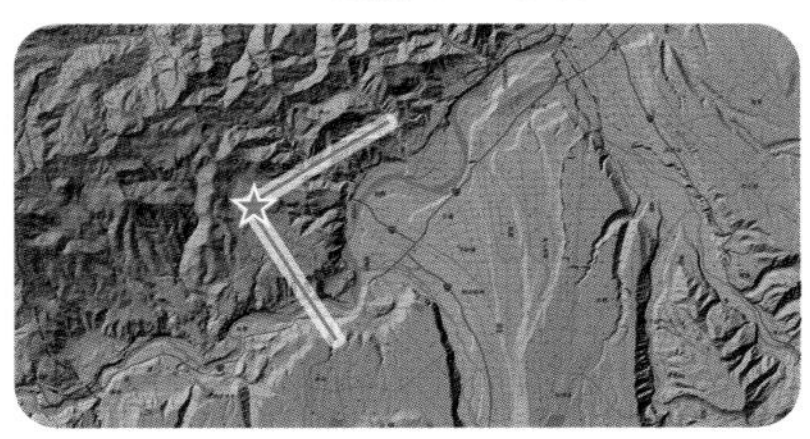

高知県の室戸岬西側に見られる海岸段丘。

増すと、川の流れが速くなり川底が削られます。川はそのまま、長い年月をかけて蛇行しながら側面を削り、川底を広げ、一段低い場所に平地をつくります。その結果、これまで谷底平野だった部分が一段高い段丘面となり、段々になった地形ができるのです。

津南町の河岸段丘は、40数万年前から繰り返された**大地の隆起と河川の侵食**によって、形成された段丘です。高い場所にある段丘面ほど古い時代のもので、各段丘の形成時期は、堆積している火山灰を分析することでわかります。

一般的に、高い場所にある段丘面では水を得るのが難しく、稲作には向いていません。しかし、津南町の河岸段丘では、高い場所にある段丘にも水田が広がっています。これは苗場山の山麓から**豊富な湧水**が供給されるためです。

地球の豆知識

海岸に沿って広がる段丘を、海岸段丘と呼びます。波の侵食で平らになった浅い海底が、その後の隆起や海水面の変動によって陸地となることで段丘面がつくられます。段丘面の側面は波の侵食を受け、崖が形成されます。

70 超巨大なカルデラをもつ阿蘇山を生んだ大噴火

熊本県の**阿蘇山**は**世界最大級のカルデラ**をもつ火山です。カルデラとは、火山の噴火によってできた大きなくぼみのこと。その大きさは南北に約25km、東西に約18kmにもなります。日本列島にある、火山が直線状に連なる火山フロントのうち、阿蘇山は**西日本火山帯の火山フロント**の上にあります。

阿蘇山は、**約27万年前**に最初の巨大噴火を起こすと、その後も噴火を繰り返しました。**約9万年前**の4回目の噴火は、山口県でも痕跡が発見されるほどの火砕流をともなう**超巨大噴火**となりました。このときに降った火山灰は、遠く離れた北海道の網走でも確認されています。この超巨大噴火で地下の**マグマ溜まり**が空洞になったため、**地盤が陥没してカルデラ**ができました。約7万年前以降、カルデラ内に**中央火口丘群**と呼ばれる火口ができて、現在のようなカルデラ内に**阿蘇五岳**が並ぶ阿蘇山の姿になりました。

中岳火口では、活動的なようすを間近で見ることができます。火口にカメラが設置されているので、たびたび起こる噴火のようすをリアルタイムに観察できるなど、火山研究にうってつけの場所になっています。

➡上空から見た中岳付近。エメラルドグリーンの湖は中岳第一火口にできた火口湖で、地下から熱い火山ガスなどが出ているため、水温は約60～70℃あります。

©国土地理院

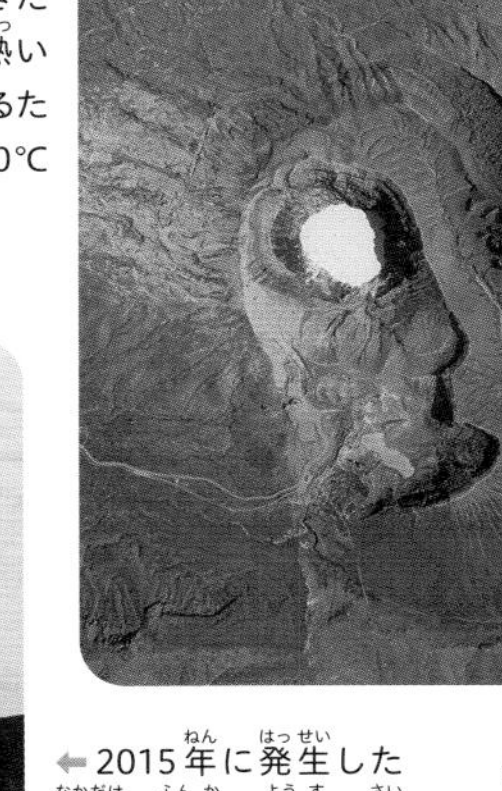

⬅2015年に発生した中岳の噴火の様子。最近では、2021年にも噴火しています。

⬆阿蘇カルデラの中央にそびえる阿蘇五岳。左から根子岳、高岳、中岳、烏帽子岳、杵島岳。

⬅縦長の楕円形をした阿蘇カルデラ。右上の山岳地帯は大分県の火山群「くじゅう連山」です。

©NASA

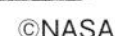

カルデラ内で採取される阿蘇黄土は、大量の鉄分を含む土です。赤い顔料であるベンガラの原料で、卑弥呼から魏へ贈られた記録が残るほか、古墳の石室にもベンガラが塗られており、古代から人間が利用していました。

71 富士山はいくつもの火山噴火が重なってできたもの？

日本の最高峰、**富士山は標高3776m**で、裾野を広げた**円錐形**をしています。

富士山がここまで高くなったのには地下に秘密があります。じつは富士山の土台には、古い火山が隠れているのです。

もともと**先小御岳火山**があったところに、約30万～20万年前に**小御岳火山**が噴火しました。さらに約10万年前には、小御岳火山に覆い被さるようにして**古富士火山**ができました。続いて、約1万7000年前に現在の富士山である**新富士火山**が活動を始めて、大量の溶岩を流したのです。

では、これだけ巨大な山体をつくった溶岩は、どこからきたのでしょうか？

日本列島は、北アメリカプレートとユーラシアプレートにまたがっていて、南からフィリピン海プレート、東から太平洋プレートが沈み込んでいます。富士山はこの**4つのプレートの境目**にあります。このような場所では**マグマが発生**しやすく、富士山の**地下約20kmにはマグマ溜まり**があって、マグマを供給し続けているのです。江戸時代、1707年の**宝永大噴火**以降は、噴火は起きていませんが、監視は今も続けられています。

⬆河口湖（北側）から望む富士山。左の稜線上で尖って見える部分が宝永山。

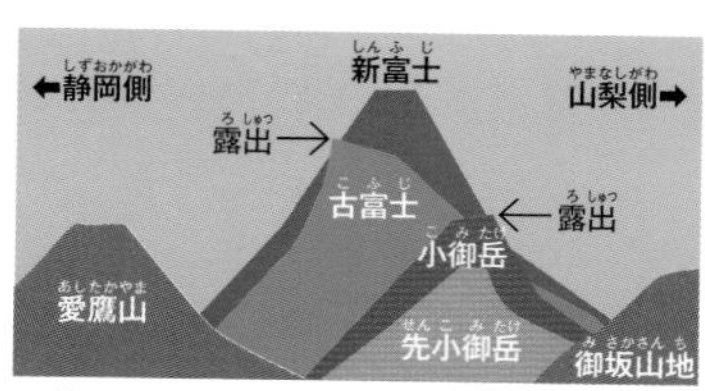

⬆先小御岳山、小御岳山、古富士山の上に現在の富士山ができました。

⬆富士山の山頂。赤く見える岩は、最後に山頂から噴火した際（約2200年前）に噴出した溶岩が酸素と結びついて赤くなった火山岩です。

⬅富士山の西側に広がる大規模な侵食谷「大沢崩れ」（手前）と、1707年の宝永大噴火でできた宝永山の火口（左上）。

地球の豆知識

宝永大噴火以降、富士山は噴火していませんが、近年、火山性の地震がたびたび発生しています。噴火は広範囲に影響が出る恐れがあるため、常時観察が続けられているほか、噴火に備えてハザードマップがつくられています。

72

今も火山灰を降らせ続ける桜島の噴火はいつから？

⬆今も活発に火山活動を続け、噴煙を上げる桜島。鹿児島県の天気予報では、風向きによってどの方向に灰が降るかを知らせる降灰予報が出されます。

薩摩半島と大隅半島に挟まれた鹿児島湾に位置する**桜島**は、大きさが東西約12km、南北約9kmの火山です。かつては島でしたが、現在は大隅半島と陸続きになっています。約2万9千年前、現在の鹿児島湾の北部で超巨大噴火が起こり、**姶良カルデラ**と呼ばれるカルデラができました。その約3000年後、海水で満たされたカルデラの南端に火山として誕生したのが桜島です。

桜島は、**北岳と南岳**など複数の火山体でできた**複合火山**です。先に北岳が活動し始め、約1万2800年前に大規模な噴火を起

桜島の噴火のしくみ

➡マグマ溜まりから上昇したマグマによって火山ガスの圧力が高まると、溶岩を吹き飛ばす爆発が発生し、火山灰や噴石、火山ガスを出します。

➡1914（大正3）年の「大正大噴火」で、大量に降った火山灰や軽石などによって埋まった腹五社神社（黒神神社）の鳥居。

➡桜島は直径約20kmある姶良カルデラの南端に位置しています。

©NASA

こしましたが、約5000年前に噴火活動を終えました。すると別の場所から噴火し、南岳が誕生。約4500年前から南岳が活動し始めました。記録に残るものでは、764（天平宝字8）年、1471（文明3）年、1779（安永8）年、1914（大正3）年と4回の大噴火を起こし、そのたびに島は形を変えていきました。**大正大噴火**は火山灰がカムチャツカ半島（ロシア）に到達するほど大規模で、20世紀以降に起きた国内最大の噴火です。流れ出た**大正溶岩**が海峡を塞ぎ、このときに桜島が陸続きになりました。

火山灰に悩まされているイメージが強い桜島ですが、日常的に火山灰をともなう噴火をするようになったのは、1955年以降と最近です。徳川幕府にも献上された、世界一小さな**桜島小みかん**も、今では灰から守るためにハウス栽培が主流です。

鹿児島県に広範囲に広がるシラス台地は、姶良カルデラの巨大噴火で発生した火砕流堆積物がつくった台地です。保水性が乏しく、土壌がやせているため、乾燥に強いサツマイモ、大豆、ナタネなどが栽培されています。

チンボラソ山

南アメリカ大陸北東部、エクアドルにある標高6268mの火山。地球中心からの距離は6385.5kmで、エベレストよりも2.1kmほど高い世界最長です。日本の富士山と同じく、大きな円錐形をした美しい成層火山です。

©AGE FOTOSTOCK/アフロ

やっぱり地球は広かった

世界のすごすぎる地形探検！

前の章では「日本の地質や地形」の見どころを紹介してきました。ここでは、地球全体に目を向けてみましょう。そこには、想像を超えるすごすぎる景色、不思議な地形が広がっています！

イエローストーン国立公園

北アメリカ最大の火山地帯にあるアメリカの国立公園で、火山の熱源はホットスポットと考えられています。カラフルな熱水泉（写真）の色は、バクテリアによるものです。温度ごとに異なる種類のバクテリアが生息しているため鮮やかな色合いになっています。

©mauritius images/ アフロ

マウントオーガスタス

オーストラリア西部にある世界最大の一枚岩です。底面積4795ヘクタールは東京ドーム千個以上の広さがあります。一枚岩としては、同じオーストラリアにあるエアーズロックが有名ですが、底面積はその約2.5倍もあります。高さは858m（標高1105m）です。

©Alamy/ アフロ

南アメリカ大陸中央部、ボリビア南西部の標高約3700mにある塩の大地。広さは南北100km、東西250kmほどで、平地に見える白色はすべて塩。アンデス山脈が隆起したときに、大量の海水が山の上に残されたことをきっかけにできた平原で、雨季には水がたまって湖面が大きな鏡になります。

ジャイアンツコーズウェー

イギリス・北アイルランド北部の海岸線にある、火山がもたらした4万本もの石の柱が広がるエリア。石柱は、約6000万年前の火山噴火によってできた柱状節理です。柱状節理ができるしくみや構造は、東尋坊や清津峡で見られるものと同じです。

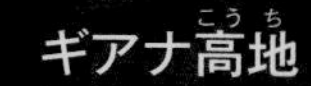

ギアナ高地

南アメリカ大陸の北部、ベネズエラ、ギアナ、ブラジルの国境にあるテーブルマウンテンは頂上が平らで、およそ垂直に切り立った山が100以上もあります。約20億～14億年前に堆積した岩からできていて、頂上には黒色をしたカエルや鳥など独自の生態系が築かれています。

グランド・キャニオン

アメリカのアリゾナ州北部にある、1日で40万トンの土砂を運ぶコロラド川の流れがコロラド高原を侵食してつくった峡谷です。峡谷の長さは約450km、深さは平均で約1600m。きれいに堆積した地層は、一番低い場所が約20億年前、高い位置は約2億5000万年前のものです。

エベレスト

「世界の屋根」と呼ばれる、ヒマラヤ山脈に位置する世界一高い山。南半球にあったインド亜大陸がプレートに乗って北上、赤道を超えて約5000万～4000万年前にユーラシア大陸に衝突したことで盛り上がったものです。衝突は今も続いていて、山も隆起し続けています。同じしくみでできた地形は日本にもあります。規模は小さいですが、伊豆の衝突によって隆起した丹沢山地です。

大地溝帯

アフリカ大陸東部を南北に走る、幅が35～100㎞、全長が7000㎞もある巨大な谷です。これは、上昇するホットプルームが地殻を押し上げて、それが東西に分かれたことでできたと考えられています。大地には、落差が100mを超えるような崖（正断層）が形成されています。

Part6

地球の空や海の不思議

空にかかる虹、氷の粒と光がつくるハロ、
もくもくと大きくなる入道雲、
美しい雪の結晶、ゆらゆらとしたオーロラ、
海の流れがぐるぐる回る渦潮、
海底の深い谷、異常気象の原因など、
空や海に関する謎を解いていきます。

73 見えたらハッピー! 美しい虹色のヒミツ

雨上がりによく見られる**虹**は、**太陽と反対側の空**にできる色鮮やかな光のアーチです。色は、外側から順に赤・橙・黄・緑・青・藍・紫と並んでいますが、この7色はあくまで代表的なもの。この虹の7色を、「**赤、橙、黄、緑、青、藍、紫**」と読む覚え方があります。実際は色ごとに完全に分かれているのではなく、グラデーションとなっていて色数は無限大にあります。

太陽光は**白色**ですが、そのなかには波長の異なるさまざまな光が混じっています。そのうち、わたしたちの目に見える波長の光を**可視光線**と呼びます。虹の7色の順番は、可視光線の波長が長い順になっているのです。

雨粒などの水滴に太陽光が当たると、光はそのなかに入り込んで、奥で1回反射してから外に出ていきます。そして、水滴のなかに入るときと、外に出ていくときに、光の道筋が曲がります(屈折)。このとき、光の**波長の短いものほど強く曲がる**ため、水滴から出てきた光は色ごとに分かれているのです。そして、この色ごとに分かれた光が集まり、目に届くことで、色鮮やかな虹のアーチとして見えるのです。

雨上がりの空に現れた虹。主虹の外側に薄く副虹があり、ダブルレインボーになっています。

←左が主虹、右が副虹で色の並びが反対になっているのがわかります。

↓虹は、太陽を背にした対日点を中心に円形となっています。虹を見ている人から42度の位置に主虹、50度の位置に副虹が現れます。

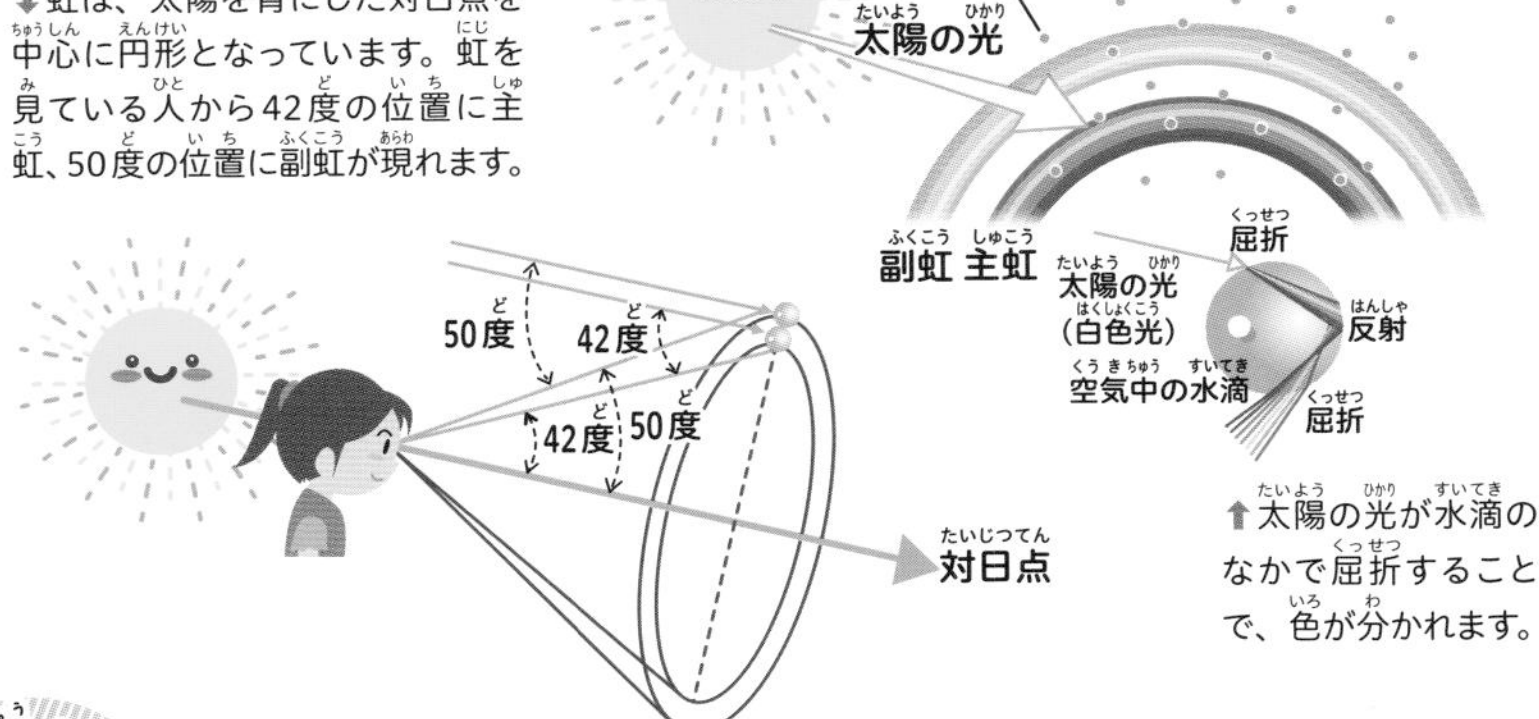

↑太陽の光が水滴のなかで屈折することで、色が分かれます。

地球の豆知識

虹（主虹）の外側にもう１本の虹が現れて、ダブルレインボーとなることがあります。外側の虹を副虹といい、水滴の奥で２回反射して出てきた光によって形づくられます。副虹は主虹よりも色が薄く、色の並びは反対になっています。

74 太陽の周りに現れる神秘的な白い輪・幻日環って？

上

空に**氷晶（小さな氷の結晶）**がたくさん浮かんでいるときには、太陽の周りにさまざまな光の輪が現れます。

これは氷晶によって光が屈折や反射をした結果できる現象で、まとめて**ハロ**または、**かさ現象**と呼びます。日本で見えるハロの多くが、氷晶でできた雲（巻雲や巻層雲など）によって発生します。これらの雲は、季節に関係なく現れるため、ハロも1年中、観察することができます。

ハロは、氷晶の形や向き、動き、氷晶への光の当たり方の違いなどから、たくさんの種類があります。その出現位置と見た目は、ハロの種類とそのときの太陽高度によって、ある程度決まっています。

もっともよく見られるのは、太陽を中心とした**内がさ**と呼ばれる光の円です。**幻日**や**環天頂アーク**、**環水平アーク**のように鮮やかな虹色となるものもあります。そして、めずらしいハロのひとつが**幻日環**です。幻日環は、太陽と幻日の間を結び、さらに空をぐるっと一周する白い光の円です。部分的なものはたまに見られますが、３６０度全部が途切れずに現れるのは、きわめてまれです。

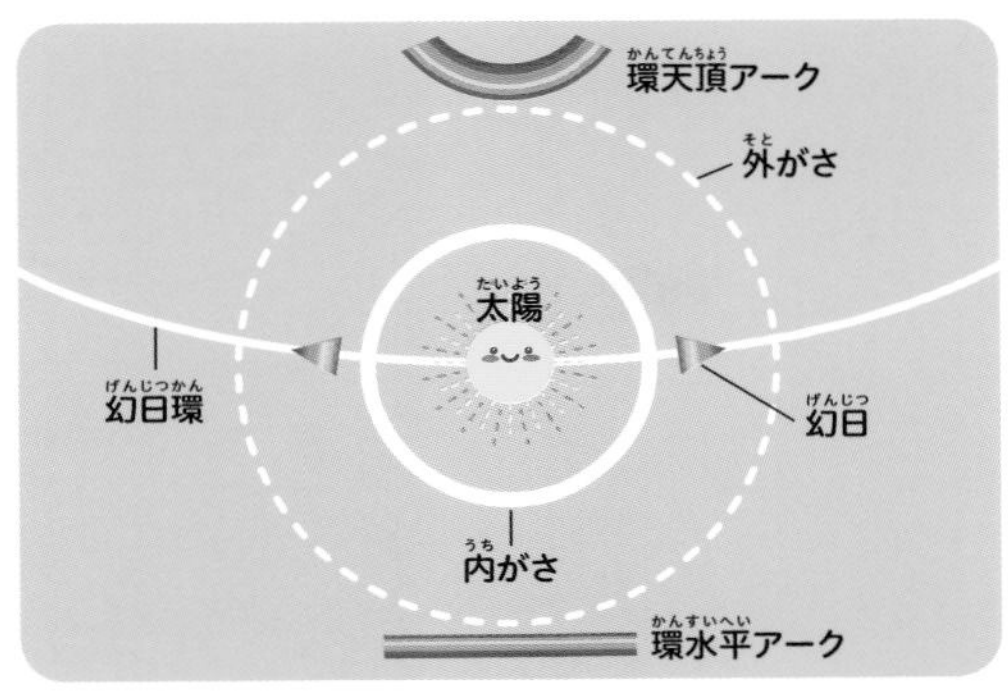

⬅ハロにはさまざまな種類があり、種類によってその位置や形は異なります。

⬇夜は月の周りにハロができることも。月を中心とした円は内がさですが、よく見るともうひとつ白い輪（赤矢印）があります。これは幻月環（幻日環の月バージョン）です。

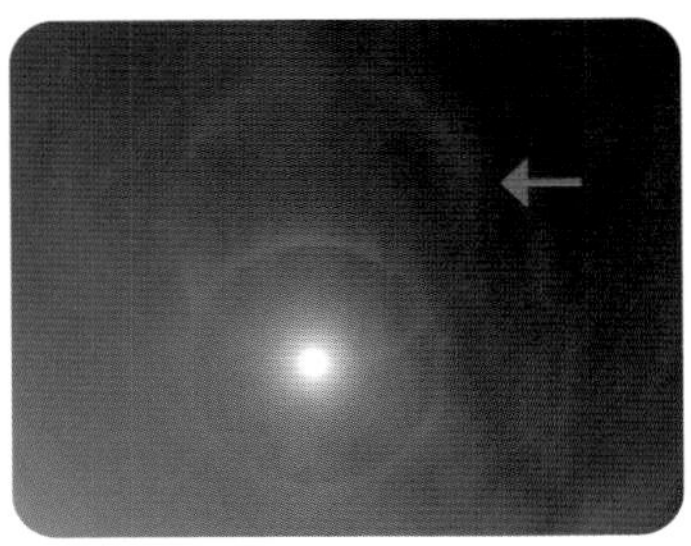

⬆水平に現れた虹色の環水平アーク。

⬅太陽の左右に現れたふたつの幻日。

© 新井保

夕方は太陽の光が斜めから差し込み、空気中を通る距離が長くなります。波長の短い青系の光はわたしたちの目に届く前に散乱してしまうため、残った波長の長い赤系の光が通過してくるので、夕焼けは赤く見えるのです。

75 もくもくと広がる入道雲にも大きくなれる限界がある

空にもくもくと大きく発達した入道雲。いかにも夏らしい光景です。

空にもくもくとそびえ立つ**入道雲**は、正式には**積乱雲**といいます。積乱雲は「かみなりぐも」とも呼ばれ、雲の下は雷雨となっています。ときには、ひょうや竜巻などの激しい現象も引き起こします。また、落雷時に成層圏～中間圏のとても高いところで、赤色などの光が瞬間的に見える、**スプライト**が観測されることもあります。

積乱雲は、強い**上昇気流**（上に向かう空気の流れ）があるときにできる雲です。その原因のひとつが「大気の状態が不安定」と呼ばれる状態です。これは下に暖かい空気（軽い

↑上の部分が横に広がった「かなとこ雲」。

↑赤い光は、積乱雲の上に発生したスプライトと呼ばれる発光現象です。雷と同時に発生することがあるめずらしい現象です。　©NASA

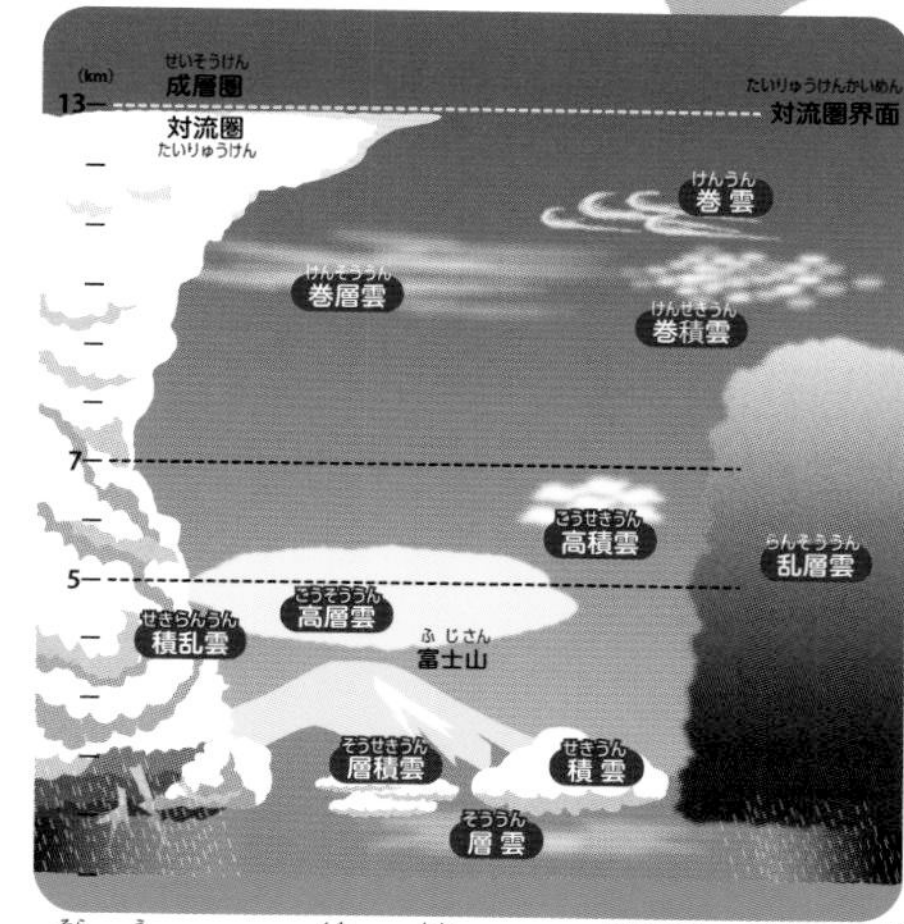

↑空に浮かんでいる雲は、高さによって上層雲（巻雲、巻積雲、巻層雲）、中層雲（高積雲、高層雲、乱層雲）、下層雲（層雲、層積雲）、対流雲（積雲、積乱雲）に分けられます。

空気）、上に冷たい空気（重い空気）があり、上下方向の気温差が大きくなった状態です。つまり、軽い空気の上に重い空気がある状態で、やがて上下方向にひっくり返るようにかき混ぜられます。このとき、上に向かう流れのところに積乱雲が発達します。

大気の状態が不安定になるきっかけとしては、**上空の寒気、猛暑、暖かく湿った空気の流入**などがあります。

とはいえ、積乱雲は無限に大きくなれるわけではなく、**高度13km付近にある対流圏界面**は越えられません。地球大気は下から対流圏、成層圏、中間圏、熱圏、外気圏と分けられており、対流圏界面は、対流圏と成層圏の境目のことです。

積乱雲が対流圏界面に到達すると、そこから上へ盛り上がることができず、横に広がって**かなとこ雲**になります。

地球の豆知識

積乱雲が急にわき立ち、狭い範囲に激しい雨が降ることを「ゲリラ豪雨」といいます。ゲリラとは「突然攻撃をしかけてくる部隊」のこと。雨は短時間で止むものの、都市部では浸水などの被害が出ることがあります。

76 きれいな六角形の雪の結晶 形の違いのヒミツ

雪の結晶は、雲のなかにある**氷晶**（小さな氷の結晶）に**水蒸気**が凍りつき、大きく成長したものです。氷晶の基本形は**六角柱**ですが、その後の成長は、大きく縦に長く伸びるタイプ（角柱）と、横に平たく伸びるタイプ（角板）に分けられます。

角柱はさらに成長すると、鞘状結晶、針状結晶と呼ばれる細長いタイプの雪の結晶になります。いっぽうの角板は、角板状結晶、扇状結晶、樹枝状結晶と成長していきます。どちらも基本は六角形で、枝の本数もふつう6本です。まれですが砲弾状結晶、鼓状結晶など特殊な形の結晶もあります。

雪の結晶の形は、気温や湿度によって変わります。これを解明し、世界で初めて**人工雪**をつくることに成功した中谷宇吉郎博士は「雪は天から送られてきた手紙」と表現し、その手紙を読み解くために**中谷ダイヤグラム**という図を遺しました。小林禎作博士は中谷ダイヤグラムを改良し、**小林ダイヤグラム**を作成しました。その後も研究は続き、2012年には、雪の結晶の**グローバル分類**が公表されました。現在は、これが雪の結晶の分類に使われています。

⬆水分の多い環境でできた樹枝状結晶。角板結晶の角の部分が成長して樹枝状になります。

⬆角板状の雪の結晶。結晶の形は平たい六角形です。

⬅蔵王の樹氷は、アオモリトドマツに過冷却水滴が凍りつき、雪を取り込みながらモンスターのように成長したものです。

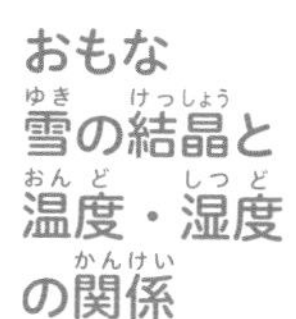

おもな雪の結晶と温度・湿度の関係

➡雪の結晶は、雲のなかに含まれる水蒸気の量と気温によって、さまざまな形で現れます。

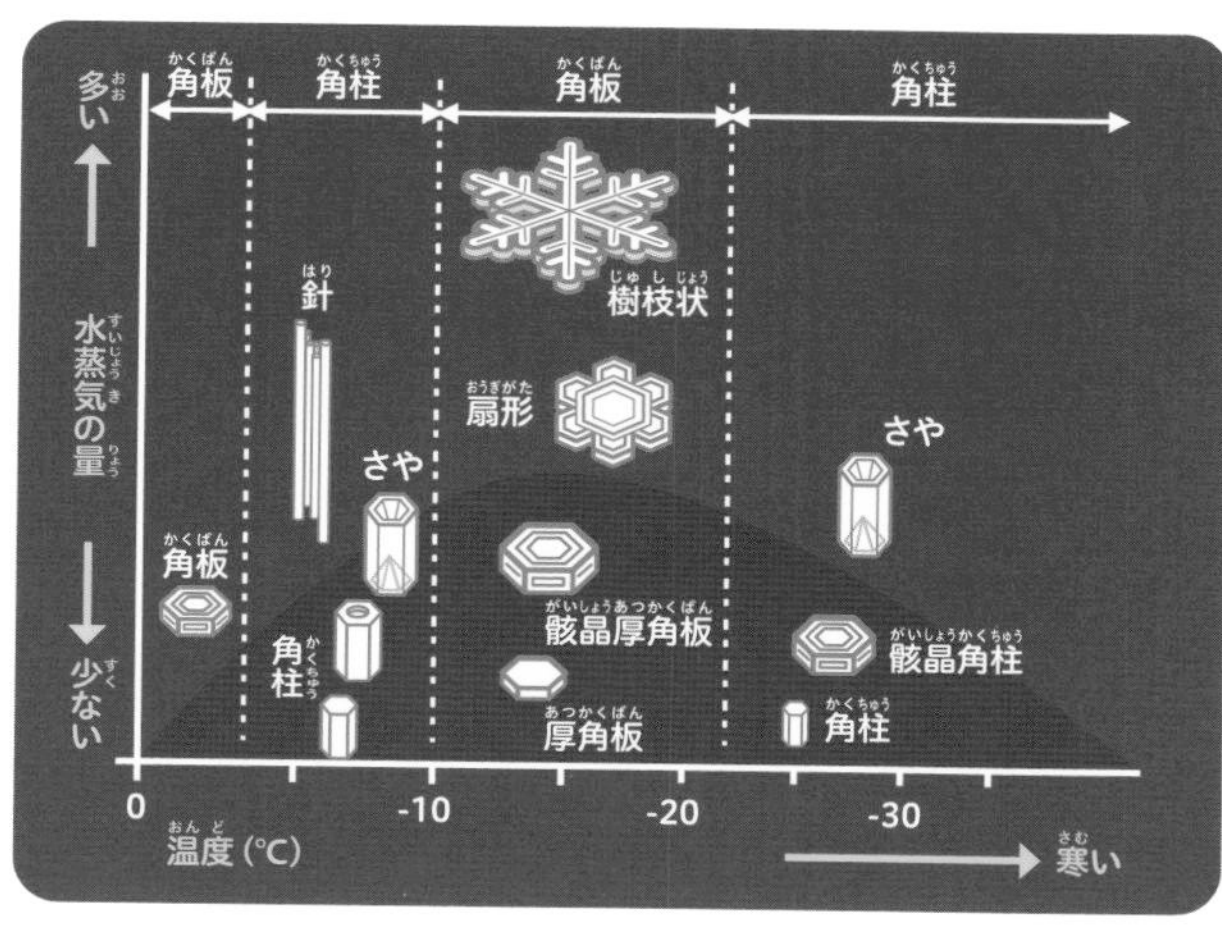

氷点下なのに凍らず、液体のままでいる状態を過冷却といいます。冬山の霧は過冷却の水滴でできていることが多く、これが木などに凍りついて、白い氷になったものが樹氷です。ふつうエビのしっぽのような形をしています。

77 ゆらゆらと輝くオーロラが寒い国で見られるしくみ

赤やピンク、緑、青などさまざまな色の光がつくる美しい現象が**オーロラ**です。カーテンが夜空でゆらめくように、

じつは、太陽からは光や熱のエネルギーだけでなく、**太陽風**という電気を帯びた目に見えない粒子が飛んできています。この太陽風は、多くの生きものにとって有害です。しかし、北極をS極、南極をN極とする大きな磁石のようになっている地球は、電気を帯びた太陽風を**磁場（地磁気）で阻止されて、地上に直接届かない**よう防いでいます。

ただし、磁石の端っこ（極）にあたる北極や南極では、太陽風を引き寄せてしまって、その一部が空から入ってきます。すると、太陽風の粒は地球上空の**酸素や窒素**とぶつかって光ります。これがオーロラです。

太陽風の粒子が**200㎞より高い場所で酸素とぶつかると赤、200～100㎞上空で酸素とぶつかると緑、100㎞より低い位置で窒素にぶつかると青**に輝きます。この色に輝く光を**輝線**といいます。

オーロラは、日本では北海道などでときどき見られますが、見えるのは北極付近の高い場所に現れる**赤のオーロラ**です。

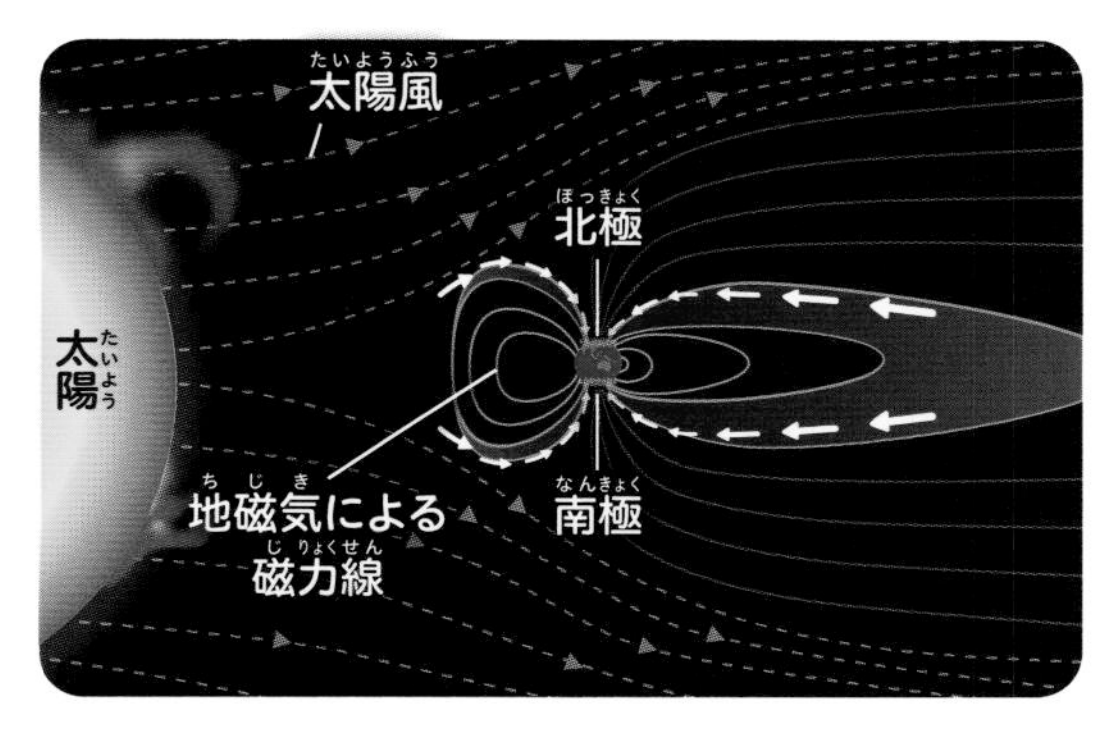

地球を守る地磁気

⬅太陽からやってくる太陽風（細かい粒子）は生きものに悪い影響を与えます。地球は北極がＳ極、南極がＮ極の大きな磁石になっていて、その地磁気にガードされて太陽風は直接地上までは届きません。

⬆南半球のニュージーランドで撮影されたオーロラ。日本の北海道と同じような緯度で、南極付近の高い位置に出た赤いオーロラが見えています。

⬆カナダ北西部のイエローナイフで撮影された緑や青に輝くオーロラ。オリオン座や双子座が写っています。

©下村知愛

北海道で見えるオーロラ

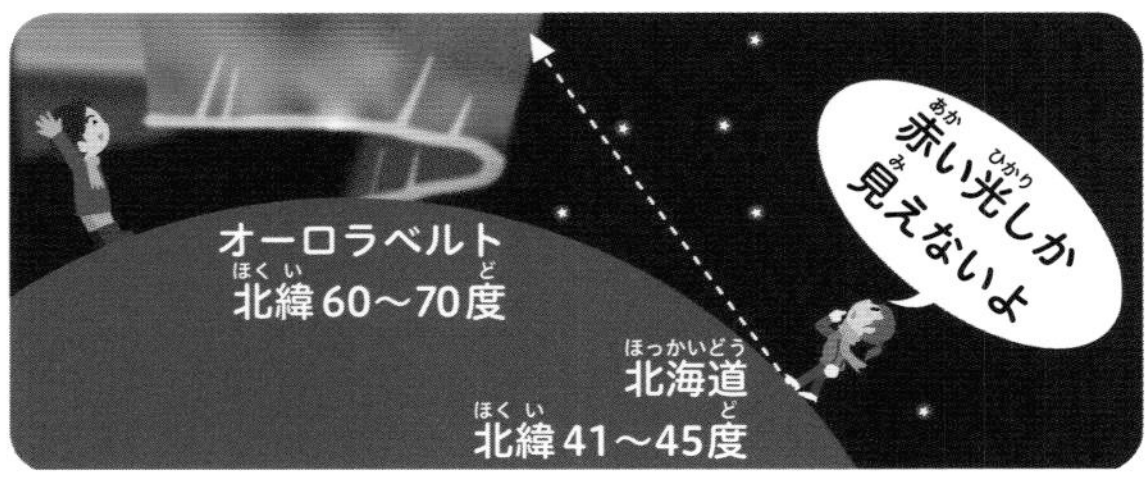

⬅北極や南極には太陽風の粒が入り込んで、空の高いところでは酸素とぶつかって赤色に、低くなるにつれて緑や青と色が変わります。北海道ではおもに、北極の高いところに出る赤いオーロラが見られます。

オーロラが現れるのは地球だけではありません。太陽風の粒子を引き寄せる磁場と大気（空気）がある惑星や衛星なら、オーロラが発生する可能性があります。実際、強い磁場と大気がある土星や木星ではオーロラが観測されています。

78

出現場所が時間で変わる!? 地形と引力がつくる奇跡の渦潮

⬆鳴門の渦潮は最大で直径20 ～ 30ｍになります。とくに満潮と干潮の水位差が大きい大潮の時期に大きな渦潮が見られます。鳴門海峡は日本有数の漁場としても知られています。渦潮が海中をかき回すことで栄養分がいきわたり、豊かな海を生んでいます。

徳島県と兵庫県の淡路島に挟まれた**鳴門海峡**は、**世界最大級の渦潮**が発生する海峡として知られています。渦潮は激しい潮流（潮の流れ）が生み出す自然現象です。

鳴門海峡の幅は約1・3㎞と狭く、勢いのある潮が流れ込むと速度が増し、春と秋の**大潮**の頃には時速20㎞もの流れが発生します。このとき、海底の深さが約90ｍある海峡の中央部では流れが速く、両岸付近では浅瀬などの地形が抵抗となり流れが緩やかです。速い流れが遅い流れにぶつかると回転力が生まれ、**遅い流れの方向に速い流れが曲がり、渦**

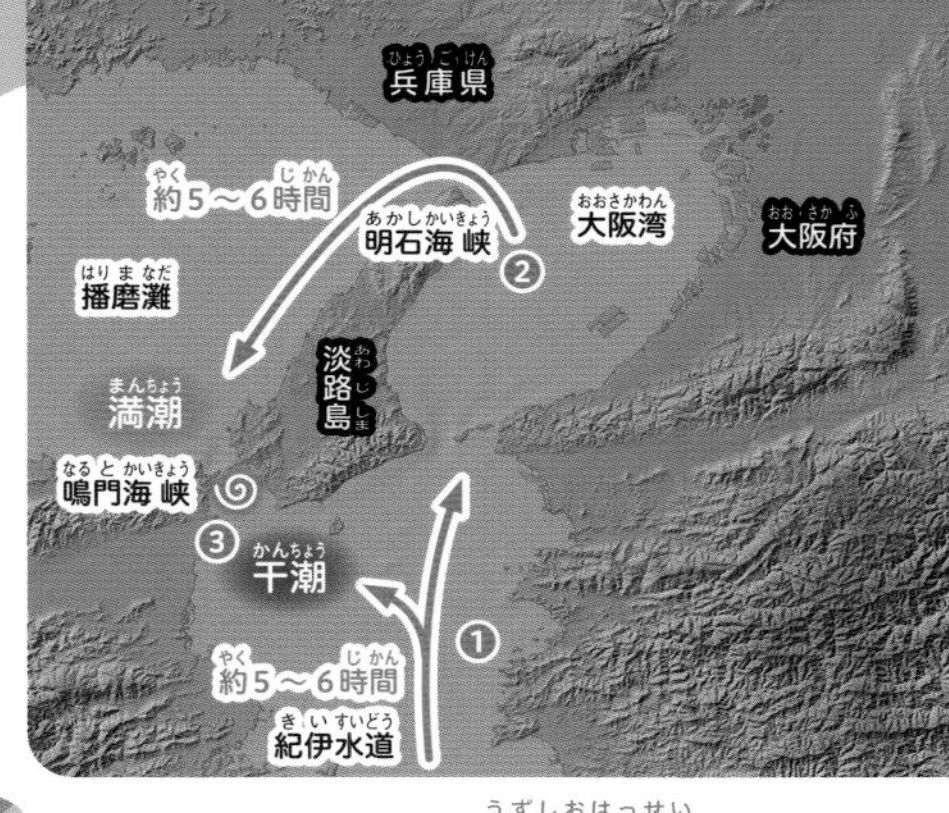

渦潮発生のしくみ

⬆潮の満ち引きは、地球と万有引力で引きあっている月との間に発生する潮汐力によって引き起こされています。

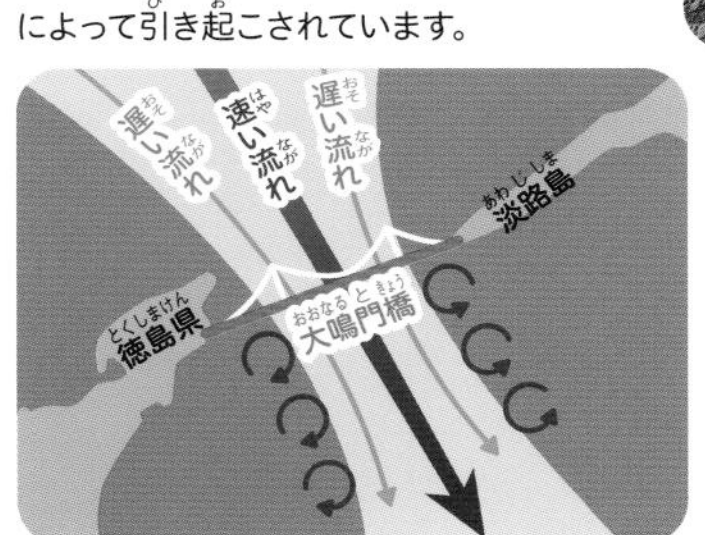

鳴門海峡の潮の流れ

⬅鳴門海峡の幅は約1.3kmと狭く、大鳴門橋の真下でV字型になっており、もっとも深いところは約90mあります。潮流は、深いところでは速く流れ、浅瀬では緩やかに流れます。速い潮流と遅い潮流がぶつかることにより、渦が発生します。

が発生するのです。

では、なぜ勢いのある潮流が発生するのでしょうか？ それには、月との力関係で約6時間ごとに海面の高さが上下する**潮の満ち引き**が関係しています。

潮が満ちて海面の高まりが紀伊水道から北上する（渦潮発生のしくみ①）と、狭い鳴門海峡を避けるように大部分が大阪湾へと進み、淡路島の北側にある明石海峡を抜けます（②）。回り込んだ流れは播磨灘を経て鳴門海峡の北側に到達しますが、この時点で紀伊水道に入ってから約5～6時間が経過しています。つまり南側では潮が引いている時間帯となり、結果、鳴門海峡を境に海面の高低差ができ、潮流が生まれる（③）のです。渦潮は**海面に低い方にできる**ので、この場合、南側に渦潮が発生します。満潮と干潮の状況が逆転すると潮流も逆転。渦潮は北側にできます。

地球の豆知識

波はどこからくるのでしょうか。風が吹くと海面が揺れ、海面に動きが生じます。潮の干満も海面を動かす要因です。海の水がやってくるのではなく、風や潮の干満によってできた海面の動きが伝わってくるのが波の正体です。

79 エルニーニョとラニーニャ 遠い海の水温が天気に大影響！

南米大陸沖の赤道近くの太平洋で、海面水温がいつもの年よりも高くなった状態を**エルニーニョ現象**、反対に低くなった状態を**ラニーニャ現象**といいます。

これらの現象は、世界各地に**異常気象**をもたらす原因となるため、注目されています。日本の場合、エルニーニョ現象が発生すると冷夏・暖冬になり、ラニーニャ現象のときには、**夏の暑さ・冬の寒さともに、厳しくなる**傾向があります。

どちらも、熱帯地方の太平洋上を吹く**貿易風という東風の強さ**が関係しています。太陽の光によって温められた海面の水は、貿易風によって西に吹き寄せられていきます。そして南米大陸側では、その分の海水を補うために深いところからの冷たい水が湧き上がってきています。

この貿易風が弱まると、西に吹き寄せられていた表面の温かい水が東へと広がります。これがエルニーニョ現象です。反対に貿易風が強まると、表面の温かい水がいつも以上に西へと吹き寄せられ、南米大陸側での冷たい水の湧き上がりも強まります。これがラニーニャ現象です。

発生のしくみと日本の天気への影響

エルニーニョ現象

発生時の海の断面

東風が弱まり、
表面の温かい水が東へ広がります。

夏

太平洋高気圧の張り出しが弱く、
冷夏になりやすい。

冬

西高東低の気圧配置が弱まり、
暖冬になりやすい。

ラニーニャ現象

発生時の海の断面

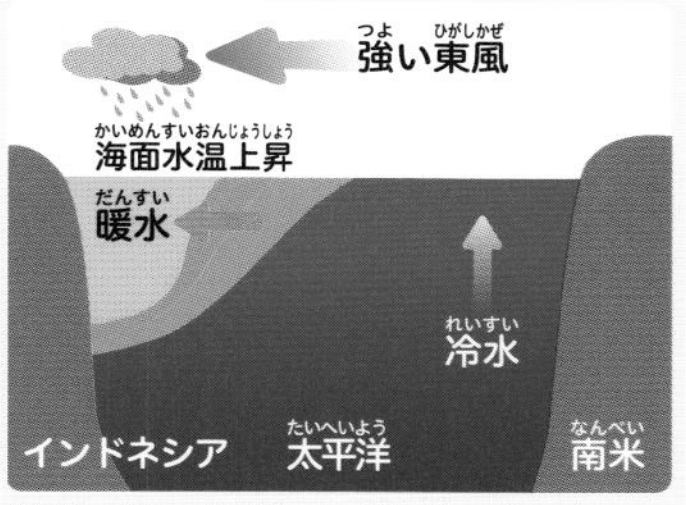

東風が強まり、温かい水が西に吹き寄せられるとともに、冷たい水が引き寄せられます。

夏

太平洋高気圧が北に張り出し、
猛暑になりやすい。

冬

西高東低の気圧配置が強まり、
寒い冬になりやすい。

※気象庁 HP を参考に作成

1983年7月に南極のボストーク基地で、世界最低気温のマイナス89.2℃を記録しました。広い大陸の南極では、内陸は海沿いより冷たくなりやすく、分厚い氷に覆われており、北極よりも標高が高いため低温になります。

80 海のもっとも深いところ 海溝はどんな世界？

日本列島の太平洋側には、水深が約200mの緩やかな傾斜をもつ**大陸棚**と呼ばれる海底が広がっています。大陸棚をさらに進むと急激に深くなる谷が現れます。水深6000mでは太陽の光が届かず、水温が約2℃になり、人の小指の先に約620kgもの力（水圧）がかかります。**最深部が6000m以上の谷を海溝**と呼びます。

世界最深の海である深さ1万983mの**チャレンジャー海淵**がある**マリアナ海溝**をはじめ、2011年に三陸沖で発生した東日本大震災の震源地となった日本海溝など、日本

⬆伊豆・小笠原海溝に続くマリアナ海溝に隣接する島弧の海底火山で見られる熱水噴出孔です。湧き出る熱水は400℃以上になることもあります。

©NOAA

➡太陽の光がまったく届かない、水深が9000mを超える海溝にも生きものはいます。写真は棘皮動物のウミユリです。

©NOAA

➡太平洋プレートが沈み込む日本海溝や伊豆・小笠原海溝など、日本近海には多くの海溝が存在します。プレートが沈み込む海溝では巨大地震が発生します。また、海溝に沿って火山フロントが形成されています。

日本の調査船「しんかい6500」は日本海溝など深い海を調査するよ！

周辺には多くの海溝があります。

海溝では、海洋プレートが大陸のプレートの下に沈み込んでいます。いっしょに大陸プレートも引きずり込まれ、そのときにできたひずみが限界に達して、跳ね返るときに地震が起こります。これが海溝で起きる地震のしくみです。海溝の堆積物を分析することで、過去に起きた**巨大地震の歴史**を解明することができ、日本海溝からは平安時代の地震の痕跡が見つかっています。

また、**深海生物の研究**は、生命の起源についての解明が進むと期待されています。魚が生存できる限界の深さは8200～8400mといわれていますが、**伊豆・小笠原海溝**では、2022年8月15日に、水深8336mを泳ぐ魚が確認されました。そしてこれは、もっとも深い場所で確認された魚として、ギネス世界記録に登録されました。

地球の豆知識

日本列島の南には、フィリピン海プレートの沈み込みによって形成された南海トラフが存在します。トラフとは、海溝と違い最深部が6000mに満たないもの。将来、大きな地震が発生するのではないかと心配されています。

地質年代と生きものの歴史

先カンブリア時代		地球が誕生した約46億年前からカンブリア紀が始まる前までの時代です。約40億年前に最初の生命の原核生物、その後に核をもつ真核生物や光合成をするシアノバクテリアが生まれました。エディアカラ動物群も誕生しています。
	約5億3880万年前	
古生代	カンブリア紀	初期は生きものが爆発的に増えた時代で、カンブリア大爆発といわれます。バージェスモンスターと呼ばれる生物の代表はアノマロカリスで、三葉虫、背骨をもつ生きものの祖先・ピカイア、さらには背骨をもつ魚類の無顎類も現れました。
	約4億8540万年前	
古生代	オルドビス紀	北半球のほとんどは海で、南半球には超大陸ゴンドワナがつくられました。生きものは、ウミユリなどの棘皮動物、貝やイカなどの仲間の軟体動物、腕足動物がとくに種類を増やしました。陸上植物も出現しました。
	約4億4380万年前	
古生代	シルル紀	オルドビス紀末の大量絶滅を生き残ったサンゴなどの生物が増えました。ヒレの前にトゲがある棘魚類や淡水魚が誕生したほか、水辺にはコケやシダ植物が現れました。
	約4億1920万年前	
古生代	デボン紀	無顎類や棘魚類だけでなく、硬い甲羅をもった板皮類やサメの仲間の軟骨魚類が登場するなど「魚の時代」を迎えます。淡水では魚から進化した四足動物が現れ、後期には大きなシダ植物などが「最初の森」をつくりました。
	約4億4380万年前	
古生代	石炭紀	シダ植物などの植物が大きな森林をつくり、それが今「石炭」という資源になっています。植物の繁栄は、昆虫類を増やしました。動物では両生類が繁栄し、最初の爬虫類や哺乳類につながる単弓類も現れました。
	約3億5890万年前	
古生代	ペルム紀	超大陸パンゲアがつくられた時代です。動物では哺乳類の先祖の単弓類、植物では裸子植物が繁栄しました。ただし、ペルム紀末には史上最大の大量絶滅が起こって、海の無脊椎動物（三葉虫や貝など）の多くが姿を消します。
	約2億5190万年前	
中世代	三畳紀	大量絶滅を生き残った生物のうち陸上での主役は単弓類でしたが、三畳紀中期〜後期、その座は爬虫類のクルロタルシ類に変わります。空には翼竜、海には魚竜、そして陸には恐竜も登場した時代です。
	約2億140万年前	
中世代	ジュラ紀	三畳紀末の大量絶滅を生き延びた恐竜が、植物食、肉食を問わず大型化するとともに大繁栄した時代です。海ではアンモナイトや二枚貝、首長竜や魚竜、植物では裸子植物が繁栄します。
	約1億4500万年前	
中世代	白亜紀	ジュラ紀に続き恐竜が大繁栄した時代です。超大陸パンゲアが分裂して現在の形に近づくなか、地球最強のティラノサウルスなど、生きものはそれぞれの大陸で進化していきます。植物では花を咲かせる被子植物が誕生しました。
	約6600万年前	
新生代	古第三紀	白亜紀末の大量絶滅で恐竜が姿を消し、哺乳類が大繁栄します。鳥類も繁栄し、植物は現在見られる種の多くが出そろいました。時代の中期までは気温が高かったものの、後期には急激に気温が下がり多くの動物が絶滅しています。
	約2300万年前	
新生代	新第三紀	インド亜大陸がアジア大陸に衝突してヒマラヤ山脈ができた時代です。乾燥した気候で森林が減り草原が増えました。哺乳類の原生種の多くが出そろい、アフリカ大陸には最初の人類も登場しました。
	約258万年前	
新生代	第四紀	地球全体の気温が長期間低下する氷期と温暖な気候となる間氷期が、数万〜10万年ごとに繰り返されている氷河時代です。また、約20万年前にはホモ・サピエンスが現れて世界中に生活域を広げ、人類の時代となりました。
	現在	

地球46億年を1年にたとえた地球史

時代	月	できごと
先カンブリア時代 約46億万年前	1	1月1日 太陽と地球ができる 1月9日 月ができる 1月16日 地球に海ができる
	2	2月17日 生命の誕生
	3	3月29日 最古の化石が発見されている
	4	4月27日 バクテリアが増える
	5	5月22日 地磁気ができる
	6	6月1日 シアノバクテリア（ラン藻類）が大発生
	7	7月10日 真核生物の誕生
	8	8月11日 超大陸ヌーナの分裂
	9 10	9月27日～10月29日 超大陸ロディニアの時代
		11月12日 全球凍結（スノーボールアース）

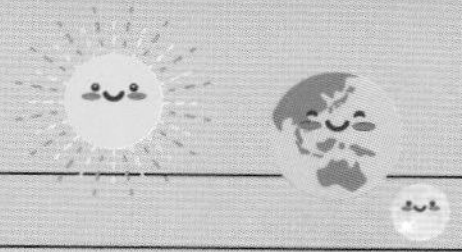

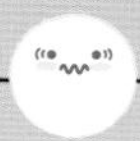

時代	紀	月
	約5億3880万年前	
古生代	カンブリア紀	11
	約4億8540万年前	
	オルドビス紀	
	約4億4380万年前	
	シルル紀	
	約4億1920万年前	
	デボン紀	
	約4億4380万年前	
	石炭紀	
	約3億5890万年前	
	ペルム紀	12
	約2億5190万年前	
中世代	三畳紀	
	約2億140万年前	
	ジュラ紀	
	約1億4500万年前	
	白亜紀	
	約6600万年前	
新生代	古第三紀	
	約2300万年前	
	新第三紀	
	約258万年前	
	第四紀	
	現在	

11月14日
エディアカラ動物群が登場

©Alamy/アフロ

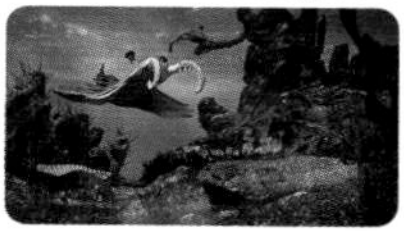

11月18日 カンブリア大爆発

11月25日 植物が上陸する

11月29日 両生類が現れる

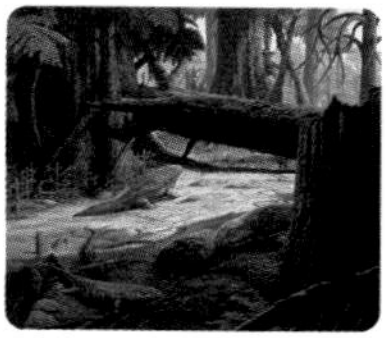

11月30日 昆虫が現れる

12月11日
ペルム紀末（P-T境界）の
大量絶滅

©Science Photo Library/アフロ

12月12日
超大陸パンゲアができる

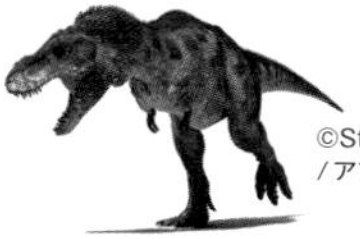

12月15日～12月26日
恐竜が大繁栄した時代

©Stocktrek Images
/アフロ

12月26日
白亜紀末（K-Pg境界）
の大量絶滅

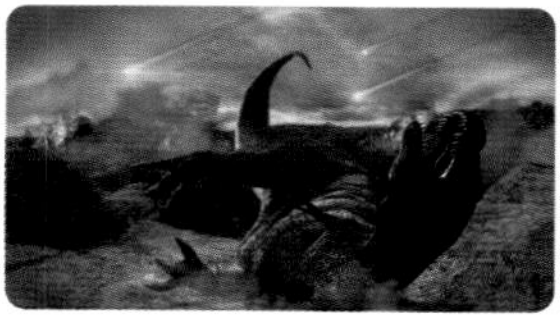

©Science Photo Library
/アフロ

12月31日10時40分 直立歩行する人類が誕生
12月31日23時37分 ホモ・サピエンスが誕生

おわりに

「現在は過去の鍵である」。これは、スコットランド出身で「近代地質学の父」と呼ばれるジェームズ・ハットンの言葉です。今も昔も地球の大地を変化させる現象は同じで、大地はゆっくりと時間をかけてつくられます。この考えは「斉一説」と呼ばれ、賛同したチャールズ・ライエルが体系化しました。この本を読んだみなさんは、斉一説に基づいて、化石など現在に残されたわずかな証拠を発見することができるようになっています。さらに、データを積み重ねて考えられた、大地がつくられるしくみや地球科学の原理を学びました。

この本を手に、素晴らしい「地球」を探す旅にでかけましょう。そこで見つけた岩石、鉱物、化石、大地の美しさに感動したら、耳を澄ませ、大地に問いかけてみましょう。みなさんは、地球の声を聴くことができるはずです。身の周りの大地の不思議や変化のしくみを自身で考えることもできるでしょう。そこには、斉一説の影響を受けて、「進化論」を生み出したチャールズ・ダーウインのような、新しい世界が待っています。そして、自然を大切にし、すばらしい地球の大地、美しい「地球」をみんなで守っていきましょう。

高橋典嗣

主要参考文献（刊行年順）

日本古生物学会監修『小学館の図鑑 NEO 大むかしの生物』（小学館、2004年）
新星出版社編集部編『徹底図解 地球のしくみ』（新星出版社、2006年）
丸山茂徳、花輪公雄、中村尚、江口孝雄監修『小学館の図鑑 NEO 地球』（小学館、2007年）
松原總『鉱物の不思議がわかる本』（成美堂出版、2006年）
松原總『鉱物図鑑』（KKベストセラーズ、2014年）
藤岡換太郎、平田大二編著『日本海の拡大と伊豆弧の衝突－神奈川の大地の生い立ち』（有隣堂、2014年）
岩見哲夫『古代生物図鑑』（KKベストセラーズ、2016年）
NHKスペシャル「列島誕生 ジオ・ジャパン」制作班監修『NHKスペシャル 激動の日本列島 誕生の物語』（宝島社、2017年）
高木秀雄『年代で見る 日本の地質と地形 日本列島5億年の生い立ちや特徴がわかる』（誠文堂新光社、2017年）
池内了ほか監修『小学館の図鑑 NEO 新版 宇宙』（小学館、2018年）
里口保文『琵琶湖はいつできた -地層が伝える過去の環境-』（サンライズ出版、2018年）
磯崎行雄ほか『地学 改訂版』（啓林館、2019年）
高橋典嗣『地球進化46億年 地学、古生物、恐竜でたどる』（ワニブックス、2020年）
中村尚ほか『高等学校 地学基礎』（数研出版、2022年）
萩谷宏、門馬綱一、大路樹生監修『小学館の図鑑 NEO 新版 岩石・鉱物・化石』（小学館、2022年）
高橋典嗣監修『日本列島誕生のトリセツ』（昭文社、2023年）

主要参考ウェブページ（五十音順）

秋吉台国定公園	https://akiyoshidai-park.com
阿蘇ユネスコジオパーク	http://www.aso-geopark.jp
アメリカ海洋大気庁（NOAA）	https://www.noaa.gov
アメリカ合衆国国立公園局（NPS）	https://www.nps.gov
アメリカ航空宇宙局（NASA）	https://www.nasa.gov
アメリカ地質調査所（USGS）	https://www.usgs.gov
伊豆半島ジオパーク	https://izugeopark.org
糸魚川ユネスコ世界ジオパーク	https://geo-itoigawa.com
いわき市石炭・化石館	https://www.sekitankasekikan.or.jp
渦の道	https://www.uzunomichi.jp
大鹿村中央構造線博物館	https://mtl-muse.com
海上保安庁 海洋研究開発機構（JAMSTEC）	https://www.jamstec.go.jp
気象庁	https://www.jma.go.jp
国土地理院	https://www.gsi.go.jp
国立科学博物館	https://www.kahaku.go.jp
桜島・錦江湾ジオパーク	https://www.sakurajima-kinkowan-geo.jp
産業技術総合研究所	https://www.aist.go.jp
三陸ジオパーク	https://sanriku-geo.com
国立自然史博物館（フランス）	https://www.mnhn.fr
滋賀県「琵琶湖ハンドブック三訂版」	https://www.pref.shiga.lg.jp/ippan/kankyoshizen/biwako/11346.html
苗場山麓ジオパーク	https://naeba-geo.org
Mine秋吉台ジオパーク	https://mine-geo.com
理化学研究所	https://www.riken.jp
理科年表オフィシャルサイト	https://official.rikanenpyo.jp

索引（さくいん）

太字の数字は「見出し」になっているページ数を示しています。

監修：高橋典嗣（たかはしのりつぐ）

東京都生まれ。武蔵野大学教育学部・大学院教育学研究科特任教授。明星大学、神奈川工科大学、電気通信大学非常勤講師。千葉大学大学院博士後期課程で公共研究を専攻。太陽コロナ、地球接近小惑星、スペースデブリなど、地球を取り巻く宇宙環境と理科教育の研究に取り組んでいる。日本スペースガード協会元理事長。日本学術会議天文学国際共同観測専門委員、日本学術観測団団長（ザンビア皆既日食）、学校科目「地学」関連学会協議会議長、天文教育普及研究会副会長、いわき天体観測所理事などを歴任。著書に『地球進化46億年 地学、古生物、恐竜でたどる』（ワニブックス）、『138億年の宇宙絶景図鑑』（KKベストセラーズ）、『巨大隕石から地球を守れ』（少年写真新聞社）、共著に『子どもの地球探検隊』（千葉日報社）、『大隕石衝突の現実』（ニュートンプレス）、監修に『日本列島誕生のトリセツ』（昭文社）など多数。

編集協力：田口学、今崎智子（株式会社アッシュ）
校正協力：奥山苑子、宮崎香苗（武蔵野大学）
執筆：村沢譲、岩槻秀明、幕田けいた、村上裕也、田口学、今崎智子
本文デザイン：奥主詩乃（株式会社アッシュ）
イラスト：矢戸優人
写真：アフロ、高橋典嗣、下村知愛、村上裕也、岩槻秀明、NASA、ESA、NPS、NOAA、国立科学博物館、海上保安庁、宮崎県観光協会、糸魚川市観光協会、新井保、田口学、PIXTA、フォトライブラリー、武蔵野大学
地図：国土地理院
編集担当：横山美穂（ナツメ出版企画株式会社）

本書に関するお問い合わせは、書名・発行日・該当ページを明記の上、
下記のいずれかの方法にてお送りください。電話でのお問い合わせはお受けしておりません。
・ナツメ社 webサイトの問い合わせフォーム
https://www.natsume.co.jp/contact
・FAX（03-3291-1305）
・郵送（下記、ナツメ出版企画株式会社宛て）
なお、回答までに日にちをいただく場合があります。
正誤のお問い合わせ以外の書籍内容に関する解説・個別の相談は
行っておりません。あらかじめご了承ください。

ナツメ社Webサイト
https://www.natsume.co.jp
書籍の最新情報（正誤情報を含む）は
ナツメ社Webサイトをご覧ください。

地球（ちきゅう）には46億年（おくねん）のふしぎがいっぱい！ 空（そら）と大地（だいち）と海（うみ）のミステリー

2024年1月5日　初版発行

監修者　高橋典嗣（たかはしのりつぐ）
発行者　田村正隆

発行所　株式会社ナツメ社
東京都千代田区神田神保町1-52　ナツメ社ビル1F（〒101 - 0051）
電話 03 - 3291 - 1257（代表）　FAX 03 - 3291 - 5761
振替 00130 - 1 - 58661
制　作　ナツメ出版企画株式会社
東京都千代田区神田神保町1-52　ナツメ社ビル3F（〒101 - 0051）
電話 03 - 3295 - 3921（代表）
印刷所　ラン印刷社

ISBN978-4-8163-7473-9
Printed in Japan
<定価はカバーに表示してあります>　<乱丁・落丁本はお取り替えします>